高等职业教育"互联网+"新形态一体化系列教材
智能制造领域高素质技术技能型人才培养教材

华中机汽

Gongkong Zutai Jishu Yingyong Xiangmuhua Jiaocheng

工控组态技术
应用项目化教程

史洁　田云 ◎ 编著　　闫瑞涛 ◎ 主审　　■ □ ■

U0278852

华中科技大学出版社
http://www.hustp.com
中国·武汉

图书在版编目(CIP)数据

工控组态技术应用项目化教程/史洁，田云编著.—武汉：华中科技大学出版社，2021.11
ISBN 978-7-5680-7346-2

Ⅰ.①工… Ⅱ.①史… ②田… Ⅲ.①工业控制系统-应用软件-教材 Ⅳ.①TP273

中国版本图书馆 CIP 数据核字(2021)第 214954 号

工控组态技术应用项目化教程　　　　　　　　　　　　　　　　史　洁　田　云　编著
Gongkong Zutai Jishu Yingyong Xiangmuhua Jiaocheng

策划编辑：张　毅
责任编辑：狄宝珠
封面设计：廖亚萍
责任监印：朱　玢
出版发行：华中科技大学出版社(中国·武汉)　　　　电话：(027)81321913
　　　　　武汉市东湖新技术开发区华工科技园　　　　邮编：430223
录　　排：武汉正风天下文化发展有限公司
印　　刷：武汉市首壹印务有限公司
开　　本：787mm×1092mm　1/16
印　　张：14.75
字　　数：360 千字
版　　次：2021 年 11 月第 1 版第 1 次印刷
定　　价：49.80 元

传统的工业生产过程以手工操作为主,人们主要凭经验,用手工方式去控制生产过程,生产过程中的关键参数靠人工观察,生产过程中的操作也靠人工去执行,劳动生产率很低。随着工业 IT 技术的不断发展,组态软件在信息化的大背景下诞生了,组态技术给工业自动化、信息化带来了深远的影响,它带动着整个社会生产、生活方式的变化,这种变化仍在继续发展。《中国制造 2025》中提出,以推进智能制造为主攻方向。人机交互界面作为智能制造的重要组成部分,将信息化与工业化深度融合在一起。

组态的英文是 configuration,组态软件是指一些用于数据采集与过程控制的专用软件,它们是在自动控制系统监控层一级的软件平台和开发环境中,使用灵活的组态方式,为用户提供快速构建工业自动控制系统监控功能的、通用层次的软件工具。

目前常用的组态软件主要有北京昆仑通态自动化软件科技有限公司的 MCGS、北京亚控科技发展有限公司的组态王、北京三维力控科技有限公司的力控、美国 Wonderware 公司的 inTouch、西门子公司的 WinCC 等。本书主要介绍的是北京昆仑通态自动化软件科技有限公司的 MCGS 嵌入版组态软件。

MCGS(monitor and control generated system)是一种用于快速构造和生成监控系统的组态软件系统。通过对现场数据的采集处理,以动画显示、报警处理、流程控制和报表输出等多种方式向用户提供解决实际工程问题的方案,在自动化领域有着广泛的应用。

本书紧密与岗位能力相对接,重构教学内容,通过生动的动画实例介绍 MCGS 嵌入版组态软件中常用的输入/输出构件,主要讲解这些输入/输出构件的应用场合和使用方法,以及 MCGS 嵌入版与西门子 PLC 连接的组态工程建立方式,并配上了操作视频及微课视频。通过具体任务实例,将组态知识融入工程案例的设计与制作过程中,体现了学中做、做中学的教学特点。教学内容贴近实际,难度从易到难,通过有趣、生动的教学内容设计,提高学生组态设计和应用能力。

本书适用于高职机电一体化技术、电气自动化技术、工业机器人技术、智能控制技术等专业的"工控组态技术"或"组态控制技术"等课程,或可作为从事自动化技术的工控人员的参考资料和实训用书,也可作为全国职业院校技能大赛"现代电气控制系统安装与调试"赛项培训用书,还可作为 1+X 工业机器人应用编程组态部分培训用书。

本书由黑龙江农业经济职业学院史洁、田云编著,由黑龙江农业经济职业学院闫瑞涛教授主审,具体分工如下:项目 1 至项目 3 由史洁编写,项目 4 至项目 7 由田云编写。

由于编者水平有限,书中仍可能有不足之处,敬请读者批评指正,以便修订时改进。如读者在使用本书中有其他建议,也请及时反馈。

项目 1
初识组态——从数据对象开始

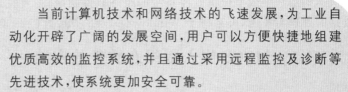

当前计算机技术和网络技术的飞速发展,为工业自动化开辟了广阔的发展空间,用户可以方便快捷地组建优质高效的监控系统,并且通过采用远程监控及诊断等先进技术,使系统更加安全可靠。

《中国制造 2025》中提出,以推进智能制造为主攻方向,人机交互界面作为智能制造的重要组成部分,将信息化与工业化深度的融合在一起。智能制造发展迅速,工控组态技术已在智能装备等各领域广泛应用。同学们要紧跟时代步伐,努力学好专业技能,为祖国制造业做出贡献,让我们一起见证我国从制造大国走向制造强国!

【知识目标】

(1)掌握 MCGS 嵌入版组态软件的安装方法;

(2)掌握触摸屏下载的方法;

(3)掌握数据对象的定义。

【能力目标】

(1)能够完成 MCGS 嵌入版组态软件的安装;

(2)能够完成触摸屏的下载;

(3)能够建立数据对象。

◀▶ 1.1 人机交互的利器——组态开发环境 ◀▶

MCGS 是北京昆仑通态自动化软件科技有限公司研发的一套基于 Windows 平台的,用于快速构造和生成上位机监控系统的组态软件系统,主要完成现场数据的采集与监测、前端数据的处理与控制,可运行于 Windows 95/98/Me/NT/2000/xp 等操作系统。

1.1.1 MCGS 嵌入版组态软件的安装

【学习目标】

(1) 能够下载 MCGS 嵌入版组态软件;
(2) 能够完成 MCGS 嵌入版组态软件的安装。

打开浏览器搜索昆仑通态,或者在地址栏敲入 MCGS 嵌入版组态软件下载网址 www.mcgs.com.cn,进入北京昆仑通泰自动化软件科技有限公司的官网,找到下载中心,如图 1.1.1 所示。

图 1.1.1　下载中心

点击下载中心,选择 MCGS 嵌入版 7.7 这个安装包,点击下载,如图 1.1.2 所示。

图 1.1.2　下载安装包

下载完成后,点击 Setup 开始进行安装,如图 1.1.3 所示。

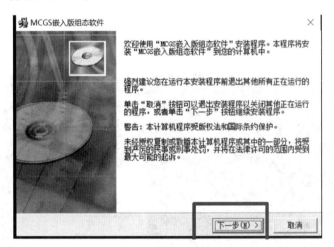

图 1.1.3　安装程序

进入到安装环境,点击下一步,如图 1.1.4 所示。

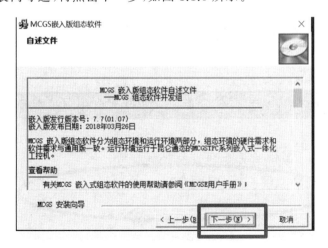

图 1.1.4　安装过程

到 MCGS 安装向导这,再点击下一步,如图 1.1.5 所示。

图 1.1.5　安装向导

在这个界面,可以选择一个安装目录,如图 1.1.6 所示,系统默认安装在 D 盘的 MCGSE 这个文件夹下,当然我们可以修改安装目录。

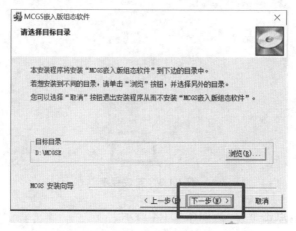

图 1.1.6　选择安装目录

点击下一步,开始安装,如图 1.1.7 所示。

图 1.1.7　开始安装

对于 Windows 系统会弹出是否安装驱动程序软件,我们点击始终安装此驱动程序软件,如图 1.1.8 所示。

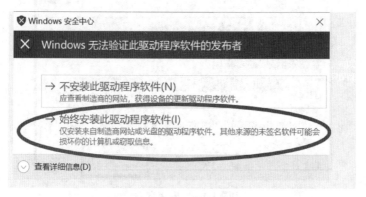

图 1.1.8　选择安装此驱动程序

安装完成之后软件会询问是否安装驱动,我们要点击下一步。这里面有一个所有驱动的选项,把它勾上,点击下一步。软件会自动安装外围设备的驱动,如图 1.1.9 所示。

图 1.1.9　安装驱动

当出现图 1.1.10 左侧所示界面时,我们点击完成。对于 Windows 系统弹出图 1.1.10 右侧所示界面,我们点击 Agree。

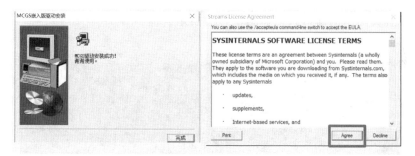

图 1.1.10　选择 Agree

安装完毕后,在桌面上会出现两个图标,如图 1.1.11 所示。这两个图标一个是 MCGSE 组态环境,另外一个是 MCGSE 模拟运行环境。同时,Windows 在开始菜单中也添加了相应的 MCGS 嵌入版组态软件程序组,此程序组包括五项内容:MCGSE 组态环境、MCGSE 模拟运行环境、MCGSE 自述文件、MCGSE 电子文档以及卸载 MCGSE 嵌入版。MCGSE 组态环境,是嵌入版的组态环境;MCGSE 模拟运行环境,是嵌入版的模拟运行环境;MCGSE 自述文件描述了软件发行时的最后信息;MCGSE 电子文档则包含了有关 MCGS 嵌入版最新的帮助信息。这样,MCGS 嵌入版组态软件的安装就完成了。

图 1.1.11　软件图标

1.1.2　MCGS 嵌入版组态软件工作环境

【学习目标】

(1) 熟悉 MCGS 嵌入版组态软件的工作环境;
(2) 能创建工程。

安装完 MCGS 嵌入版组态软件后,在计算机桌面上会显示两个图标,一个是 MCGSE

组态环境,另一个是 MCGSE 模拟运行环境。组态环境是我们用来设计组态界面的,软件模拟运行环境是用来验证我们所设计的组态界面能否正常运行。

首先双击桌面上的 MCGSE 组态环境图标,打开 MCGSE 组态软件。第一次打开组态软件,会有一个演示工程,如图 1.1.12 所示,我们可以将它关闭。

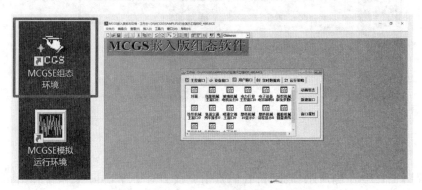

图 1.1.12　组态图标

将演示工程关闭后的窗口状态如图 1.1.13 所示。

图 1.1.13　MCGS 嵌入版组态环境

我们要新建一个组态工程,也相当于是新建一个编辑文件。建立工程的方法有两种:一是点击组态软件左上角的新建图标;二是可以选择左上角文件,新建工程。如图 1.1.14 所示。

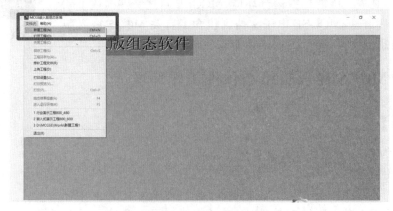

图 1.1.14　新建工程

建立新建工程会提示大家,选择 TPC 也就是触摸屏的类型,还有组态软件的组态应用界面的背景。其中,TPC 触摸屏的类型要根据实际触摸屏的类型来进行选择。背景色可以根据我们设计的要求来进行选择。如图 1.1.15 所示。

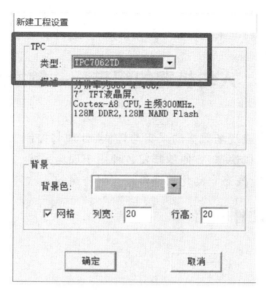

图 1.1.15 选择触摸屏的类型和组态应用界面的背景色

在组态开发环境下,我们会看到一个组态软件的工作台,如图 1.1.16 所示,在工作台中有五个选项:第一个是主控窗口,第二个是设备窗口,第三个是用户窗口,第四个是实时数据库,第五个是运行策略。其中主控窗口完成的是整个组态环境的设置,包括是否有菜单的显示。主控窗口确定了工业控制当中,工程的总体轮廓以及运行流程、菜单、命令启动特性等内容,是应用系统的主框架。

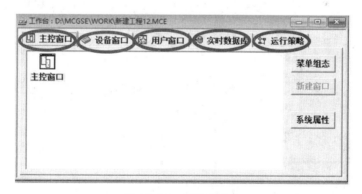

图 1.1.16 组态工作台

设备窗口是 MCGS 嵌入版组态系统与外部设备联系的媒介,专门用来放置不同类型和功能的设备构件,实现对外部设备的操作与控制,比如三菱 PLC、西门子 PLC 等。设备窗口通过设备构件,把外部设备的数据采集进来,送到实时数据库或把实时数据库中的数据输出到外部设备中去。

用户窗口可以搭建多个,根据用户不同的需求入置不同的构件来实现某种监控和动画显示等,实现了数据和流程的可视化。

实时数据库主要用来存放和创新数据对象,在整个数据处理过程中起到交换信息的作用。数据对象用来完成信息的传递,比如想要读取 PLC 的数据寄存器中的数值就可以通过实时数据库中的数据对象来完成。

运行策略包括启动策略、循环策略、退出策略。启动策略是指在启动时运行的策略,循环策略可以根据所设定的时间来进行循环策略的运行,退出策略是指在退出时运行的策略。

◀ 1.2 人与机器的纽带——触摸屏 ▶

触摸屏(TPC)主要完成现场数据的采集与监测、处理与控制。触摸屏与其他相关的输入/输出硬件设备结合,可以快速、方便地开发各种用于现场采集、数据处理的控制设备。在本书中,主要使用北京昆仑通态自动化软件科技有限公司的一款人机界面——TPC7062K。

1.2.1 触摸屏硬件介绍

【学习目标】

(1)了解触摸屏的硬件接口;
(2)了解触摸屏串行口的用途。

TPC7062K 是一套以嵌入式低功耗 CPU 为核心,主频为 400 MHz、64 M 内存、128 M 存储空间的高性能嵌入式一体化触摸屏,它的前面是一块显示分辨率为 800×480,7 英寸 TFT 液晶屏,具有 MCGS 全功能组态软件,支持 U 盘备份恢复,功能强大。其外观如图 1.2.1 所示。

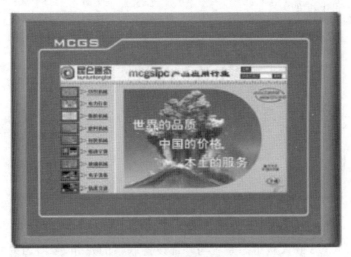

图 1.2.1 触摸屏外观图

它的背面有 1 个电源接口、1 个串口、2 个 USB 接口、1 个 LAN 口,如图 1.2.2 所示。下面来一一讲述这几个接口的作用。

电源接口,此接口为人机界面的电源供电端口,TPC7062K 采用 24 V 直流电源,厂家建议使用 24 V/15 W 的独立电源为其供电。

USB1 接口,此接口通常用于通过 U 盘下载组态工程;USB2 接口,此接口用于电脑通过 USB 接口直接下载组态工程。

LAN 接口,此接口可用于电脑通过网线下载组态工程。

触摸屏的串行口,此接口用于与可编程控制器(PLC)、变频器等工业控制设备进行通信。这个接口具有 232 和 485 两种通信方式。235 针脚用于 232 通信标准,78 针脚用于 485 通信标准。

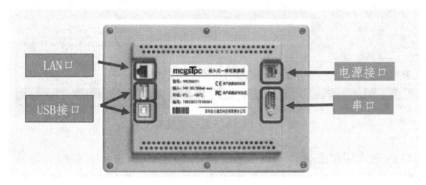

图 1.2.2　触摸屏背面图

人机界面 human machine interface 简称 HMI,它是系统和用户之间进行交互和信息交换的媒介,它实现信息的内部形式与人类可以接受形式之间的转换。凡参与人机信息交流的领域都存在着人机界面。在工业控制领域,常将具有触摸输入功能的人机界面产品称为"触摸屏"。那么,HMI 就是触摸屏吗?其实不然,从严格意义上来说,两者有本质上的区别。因为"触摸屏"仅是人机界面产品中可能用到的硬件部分,是一种替代鼠标和键盘部分功能,安装在显示屏前端的输入设备,而人机界面 HMI 是一种包含硬件和软件的人机交互设备,由硬件和软件两部分组成。HMI 可用来连接可编程控制器(PLC)、变频器、直流调速器、仪表等工业控制设备,利用显示屏显示,通过触摸屏幕写入工作参数或输入操作命令,实现人与机器的信息交互。

1.2.2　工程下载

【学习目标】

(1) 掌握下载工程到触摸屏的方法;
(2) 能够配置触摸屏的 IP 地址。

将工程下载到触摸屏的方法一共有三种:第一种是通过 USB 通讯线进行下载;第二种是通过网线进行下载;第三种是通过 U 盘进行下载。下面将逐一介绍这三种下载方法的具体操作过程。

第一种方法是使用 USB 通讯线进行下载。首先,将触摸屏的 USB2 这个接口与电脑的 USB 接口相连。连接好之后,对触摸屏进行上电。电脑会提示,正在安装触摸屏设备所需要的驱动软件,如图 1.2.3 所示。

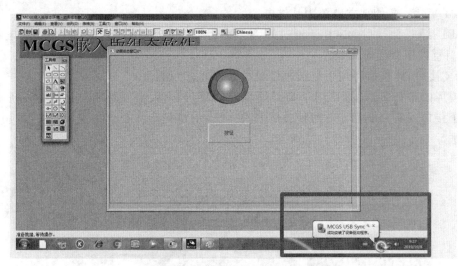

图 1.2.3　USB 下载安装驱动软件

点击 MCGS 嵌入版组态软件下载工程并进入运行环境，弹出下载配置选项。连接方式选择 USB 通讯，运行模式选择连机运行，如图 1.2.4 所示。然后点击工程下载，这样组态软件就会通过 USB 通讯方式，将组态工程下载到触摸屏了。这个下载方法比较简单，只需一根普通的 USB 通讯线就可以完成。

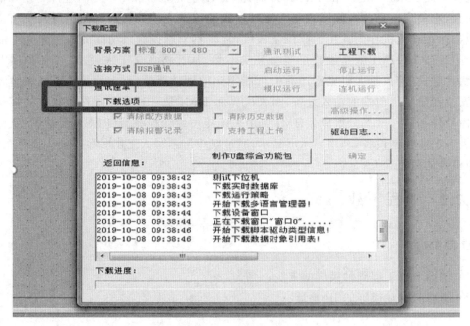

图 1.2.4　USB 下载

第二种方法是使用网线进行下载。首先将网线连接到触摸屏与电脑的网口。通过网线进行下载，需要分别对触摸屏的 IP 地址和电脑端的 IP 地址进行设置。

在触摸屏开机时，会提示"正在启动，按住触摸屏可进入启动属性窗口"，当出现这种提示的时候，在触摸屏上面任意位置单击鼠标，这个时候会弹出触摸屏的启动属性配置界面，点击系统维护,会弹出系统维护对话框,选择"设置系统参数"(如图 1.2.5 所示),会弹出 TPC 系统设置界面,在这个界面里,可以设置 IP 地址、背光灯、蜂鸣器、日期/时间、打印机等。点击 IP 地址选项,需要设置 IP 地址和子网掩码,我们将 IP 地址设置为 192.168.0.1,子网掩码设置为 255.255.255.0,如图 1.2.6 所示。设置完毕之后要点击下方的设置,完成之后重启触摸屏。

图 1.2.5 设置系统参数

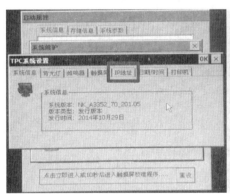

图 1.2.6 设置 IP 地址

将电脑的 IP 地址设置为 192.168.0.2,与触摸屏的 IP 地址在同一个网段,子网掩网设置为 255.255.255.0。设置完毕之后,触摸屏与电脑就通过网线连接起来了。选择菜单栏下的下载工程并进入运行环境,连接方式选择 TCP/IP 网络。目标地址就是触摸屏的 IP 地址,输入 192.168.0.1,运行方式选择连机运行,点击工程下载即可。

第三种方法是通过 U 盘进行下载。这个主要适用于没有电脑的场合对触摸屏中组态工程进行维护。首先将 U 盘插到电脑上,再选择下载工程并进入运行环境,弹出下载配置对话框,如图 1.2.7 所示,选择"制作 U 盘综合功能包",弹出 U 盘功能包内容选择对话框,在功能包路径选择 U 盘的路径盘符,点击确定。

电脑提示 U 盘综合功能包制作成功。

将 U 盘插入触摸屏的 USB1 接口,触摸屏会提示正在初始化 U 盘,稍等片刻后,随后弹出是否继续的对话框,点击"是",如图 1.2.8 所示。

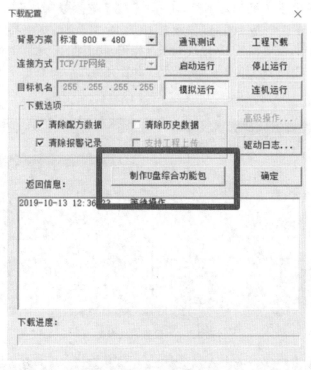

图 1.2.7　U 盘下载设置

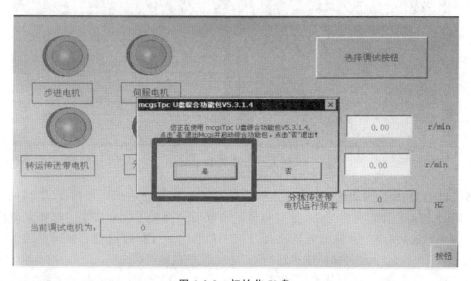

图 1.2.8　初始化 U 盘

进入 U 盘综合功能包功能选择界面,选择"用户工程更新",如图 1.2.9 所示。

点击"开始",进入到 U 盘下载对话框,如图 1.2.10 所示。选择开始下载,要注意,下载中不可以拔出 U 盘。

下载完毕之后,拔出 U 盘,触摸屏会在十秒内自动重启。重启之后,工程就成功更新到触摸屏当中了。

组态工程下载
操作视频

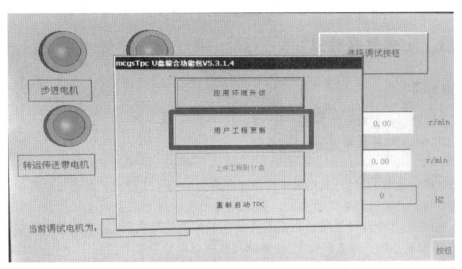

图 1.2.9 用户工程更新

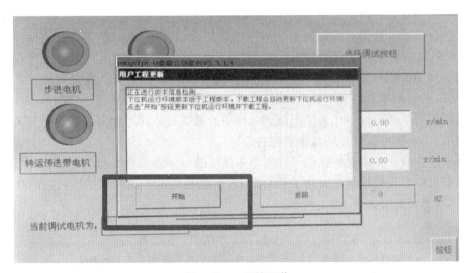

图 1.2.10 开始下载

◀ 1.3 组态系统的核心——数据对象 ▶

数据对象是实时数据库的基本单元。在 MCGS 嵌入版生成应用系统时,应对实际工程问题进行简化和抽象化处理,将代表工程特征的所有物理量,作为系统参数加以定义,定义中不只包含了数值类型,还包括参数的属性及其操作方法,这种把数值、属性和方法定义成一体的数据就称为数据对象。构造实时数据库的过程,就是定义数据对象的过程。在实际组态过程中,一般无法一次全部定义所需的数据对象,而是根据情况需要逐步增加。当需要添加大量相同类型的数据对象时,可选择成组增加进行设置;当需要统一修改相同类型数据对象属性时,可选中相同类型对象后,选择对象属性,进行设置;当选中单个或多个对象时,下方的状态条可动态显示选中项目的统计信息,包括选中个数、第一个被选中变量的行数。

1.3.1 定义数据对象

(1) 掌握建立数据对象的方法;

(2) 理解不同数据对象应用的场合。

组态软件中的数据对象,我们可以简单地理解为是一个变量。它是组态软件中,分配的一个存储空间。它的值是可以改变的。那么为什么说数据对象是组态软件当中的核心呢?因为组态软件中,各个构件之间的联系是靠数据对象进行关联的;还有组态软件对下位机,比如 PLC 等控制系统进行人机交互,也是通过数据对象关联来实现的。

比如我们使用组态软件中的按钮去完成对 PLC 上面所连接的电机的控制。那么当按钮按下时,可以改变数据对象的值。触摸屏上面的按钮、PLC 所控制的电机之间是通过数据对象相关联的。组态软件中的按钮构件,如果想控制组态软件中的指示灯等构件,那么这两个构件之间也是通过数据对象建立连接的。也就是说,数据对象是负责各个构件或者与下位机,比如 PLC 应用系统之间的数据传递。

组态软件中的数据对象就相当于其他计算机语言当中的变量。数据对象就是一个数据,我们可以把它理解为是一个二进制数、十进制数或者十六进制数等。我们可以像使用其他计算机语言当中的变量一样来使用组态软件中的数据对象。在大多数情况下只需要使用数据对象的名称,就可以直接来操作数据对象。

如何来建立数据对象呢?我们可以在组态软件的一个新项目工程当中的实时数据库内来建立数据对象。我们选择在新建工程之后,在组态软件的工作台当中,再选择"实时数据库",点击"新增对象",如图 1.3.1 所示。

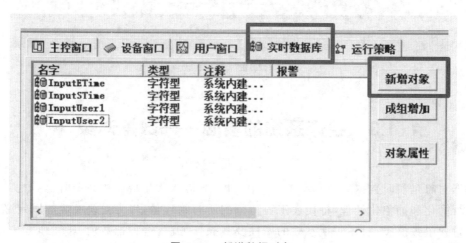

图 1.3.1 新增数据对象

系统会默认建立一个叫作 Data1 的数据对象,如图 1.3.2 所示。当然也可以建立多个数据对象,双击这个 Data1 的数据对象,可以打开数据对象的属性,一个数据对象会有三个属性,分别是基本属性、存盘属性和报警属性。

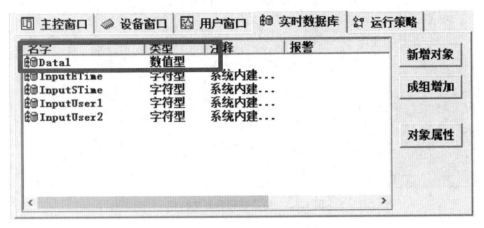

图 1.3.2 建立 Data1 数据对象

在基本属性选项当中,主要分成三个部分,第一个部分是数据对象的定义及初值,这里面包括对象的名称,MCGS 嵌入版组态软件是可以用英文或者汉字来命名的,但是名称中间不可以有空格、不可以用一些特殊符号、开头不可以使用数字。数据对象的初值就是这个数据对象一开始的值。小数位指的是这个数据对象是否有小数位。最大值和最小值指的是这个数据对象的取值范围。第二个部分是数据对象的类型,这里面一共有五种:开关型、数值型、字符型、事件型、组对象。第三个部分是对象内容的注释,这个只是便于我们理解这个数据对象的主要作用。

在给数据对象起名称的时候大家尽量要与这个数据对象的功能相贴近,比如,某一个数据对象是完成启动功能的,那么这个数据对象的名称,我们尽量将其叫作“启动”。对于某一个数据对象是用来控制指示灯的,那么这个数据对象尽量以“指示灯”或者“灯”这样的名称来命名,这样命名的好处就是当我们建立多个数据对象之后,也可以准确地知道这个数据对象的基本作用。

1.3.2 数据对象的类型

【学习目标】

(1) 理解数据对象不同类型的区别;
(2) 掌握数据对象属性设置的方法。

在 MCGS 嵌入版组态软件中,数据对象有开关型、数值型、字符型、事件型和组对象五种类型。不同类型的数据对象,属性不同,用途也不同。

开关型数据对象:记录开关信号(0 或非 0)的数据对象称为开关型数据对象,通常与外部设备的数字量输入/输出通道连接,用来表示某一设备当前所处的状态,如开关构件、标准按钮构件,如图 1.3.3 所示。

开关型数据对象也用于表示 MCGS 嵌入版中某一对象的状态,如对应于一个图形对象的可见度状态。开关型数据对象没有工程单位和最大、最小值属性,没有限值报警属性,只

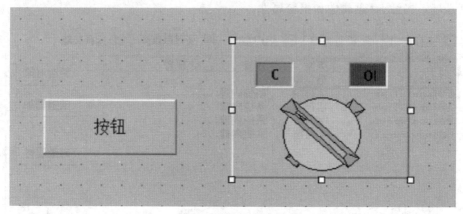

图 1.3.3　标准按钮和开关构件

有状态报警属性。

数值型数据对象主要用来存放数值及参与数值运算,能够与外部设备的模拟量输入/输出通道相连接。数值型数据对象有最大、最小值属性,其值不会超过设定的数值范围。当对象的值小于最小值或大于最大值时,对象的值分别取为最小值或最大值。如图 1.3.4 所示。

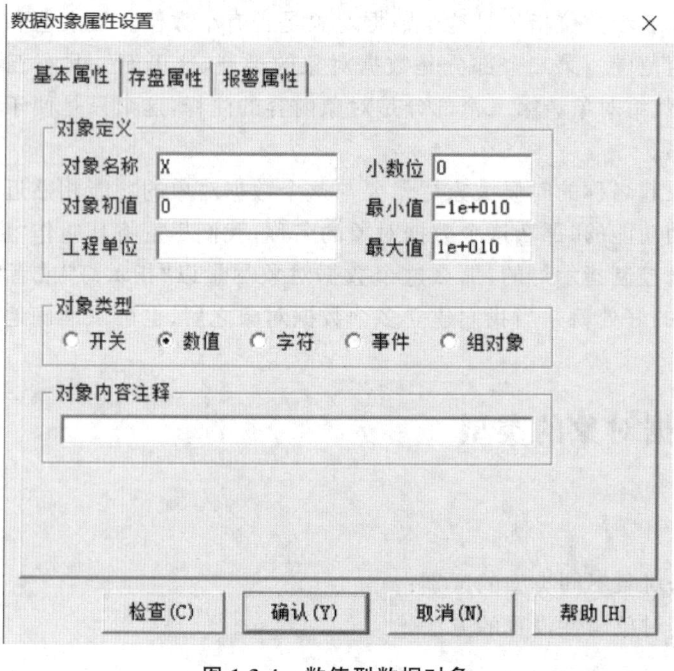

图 1.3.4　数值型数据对象

字符型数据对象是存放文字信息的单元,用于描述外部对象的状态特征,其值为多个字符组成的字符串,字符串长度最长可达 64 KB。字符型数据对象没有工程单位和最大、最小值属性,也没有报警属性。

事件型数据对象主要是用来描述事件的,在脚本程序中不能对组对象和事件型数据对象进行读写操作。数据组对象是 MCGS 引入的一种特殊类型的数据对象,类似于一般编程语言中的数组和结构体,用于把相关的多个数据对象集合在一起,作为一个整体来定义和处理。

例如在实际工程中,描述一个锅炉的工作状态有温度、压力、流量、液面高度等多个物理量,为便于处理,定义"锅炉"为一个组对象,用来表示"锅炉"这个实际的物理对象,其内部成员则由上述物理量对应的数据对象组成,这样,在对"锅炉"对象进行处理(如进行组态存盘、曲线显示、报警显示)时,只需指定组对象的名称"锅炉",就包括了对其所有成员的处理。

 练习与提高

一、单选题

1. TPC7062K 触摸屏,它的分辨率为(　　　)。

A. 800×480 　　　B. 800×600 　　　C. 1200×480 　　　D. 400×600

2. MCGS 嵌入版组态软件占用的硬盘空间最少为(　　　)。

A. 40 MB 　　　B. 80 MB 　　　C. 120 MB 　　　D. 60 MB

3. 字符型数据对象其值为多个字符组成的字符串,字符串长度最长可达(　　　)。

A. 30 KB 　　　B. 10 KB 　　　C. 64 KB 　　　D. 128 KB

4. 下列哪个图形是触摸屏的电源接口(　　　)。

A. 　　　B. 　　　C. 　　　D.

5. 下列哪个图形是触摸屏的串口(　　　)。

A. 　　　B. 　　　C. 　　　D.

二、判断题

1. MCGS 嵌入版组态软件下载工程到触摸屏的方法有 USB 通讯线下载、网线下载、U盘下载三种。 (　　　)

2. MCGS 嵌入版组态软件数据对象是可以用英文或者汉字来命名的,但是名称中间不可以有空格、不可以用一些特殊符号、开头不可以使用数字。 (　　　)

3. 在 MCGS 嵌入版组态软件中,数据对象有开关型、数值型、字符型、事件型和组对象五种类型。 (　　　)

4. 开关型数据对象是存放文字信息的单元。 (　　　)

5. 记录开关信号(0 或非 0)的数据对象称为字符型数据对象。 (　　　)

三、讨论题

1. HMI 就是触摸屏吗?

2. MCGSV7.7 版本安装后在电脑桌面产生两个快捷方式图标,各是什么作用?

3. 常见的触摸屏有哪些? 分别用在什么场合?

4. 平板电脑、触摸屏手机与工控触摸屏的区别是什么?

项目 2
从屏幕中来到屏幕中去——输入/输出控制

组态软件在一个自动化系统中发挥的作用逐渐增大,甚至有的系统就根本不能缺少组态软件。通过本项目的学习,逐步理解利用 MCGS 嵌入版组态软件构造一个用户应用系统的过程,对 MCGS 嵌入版系统的组态过程有一个全面的了解和认识。

在中国特色社会主义新时代,各行各业的劳动者更应秉承工匠精神,立足本职岗位诚实劳动,无论从事什么工作,都要干一行、爱一行、钻一行。不忘初心,练就过硬本领,到祖国和人民最需要的地方去,为国家发展、为社会进步做出贡献。

【知识目标】

（1）掌握标准按钮构件、开关构件的使用方法;

（2）掌握输入框构件、组合框构件的使用方法;

（3）掌握滑动输入器构件、旋钮输入器构件的使用方法;

（4）掌握流动块构件、标签构件、旋转仪表构件、百分比填充构件的使用方法。

【能力目标】

（1）能够对标准按钮构件进行属性设置;

（2）能对开关构件及输入框构件进行属性设置,实现工程所需动作;

（3）能对组合框的 ID 号进行关联;

（4）能对标签构件进行设置。

◀ 2.1 到屏幕中去——输入控制 ▶

2.1.1 神通广大的标准按钮构件

【学习目标】

(1) 学会使用标准按钮构件；

(2) 能够设置标准按钮构件的基本属性；

(3) 学会进行数据关联。

【任务描述】

按钮按下指示灯亮，按钮松开指示灯灭。

标准按钮在工业中是最常用的一种输入元件，它可以用于控制设备的启、停，或者开、关，如图 2.1.1 所示。标准按钮构件具有可见与不可见两种显示状态，当指定的可见度表达式满足条件时，标准按钮构件将呈现可见状态，否则，处于不可见状态。

图 2.1.1 标准按钮工程图

按钮动画演示

【设计过程】

打开软件，新建一个工程，如图 2.1.2 所示。

可以选择 TPC7062-K，背景色选择默认的灰色，网格设置也可以选择默认的列宽 20，行高 20。

在"用户窗口"选项卡下新建窗口。双击"窗口 0"打开组态，新建动画窗口如图 2.1.3 所示。

单击左侧工具箱中的标准按钮构件，如图 2.1.4 所示。

用鼠标左键在屏幕区域拖拽出一个相应大小的标准按钮符号，双击标准按钮构件可以调出标准按钮构件的属性设置窗口，如图 2.1.5 所示。

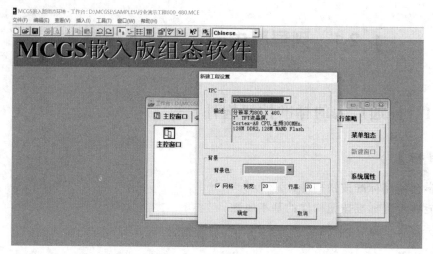

图 2.1.2 新建工程

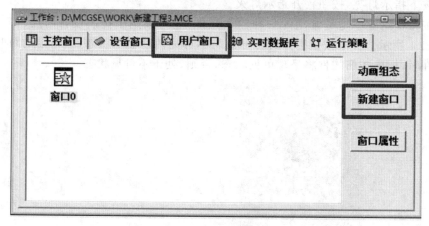

图 2.1.3 新建动画窗口

图 2.1.4 选择标准
按钮构件

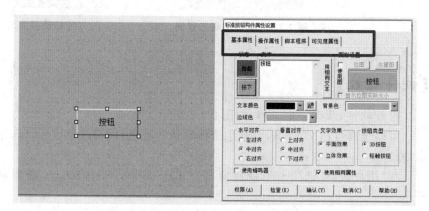

图 2.1.5 标准按钮构件属性设置窗口

小笔记

标准按钮构件一共有四个属性，分别是 _____、_____、_____、_____。

图 2.1.6 所示为标准按钮的基本属性设置窗口。基本属性的初始状态为按钮抬起。当需要设置按下状态动作时，点击相应的按钮进行设置。文本是用来设定标准按钮构件上显示的文本内容，可快捷设置两种状态使用相同文本。图形设置是用来选择按钮背景图案，可选择位图和矢量图两种类型，并设定是否显示位图实际大小。中间的图形是预览效果，预览内容包括：状态、文本及其字体颜色、背景色、背景图形、对齐效果。注意：加入本位图后本构件所在窗口的所有位图总大小不能超过 2 MB，否则位图加载失败。文本颜色是设定标准按钮构件上显示文字的颜色和字体。边线色是设定标准按钮构件边线的颜色。背景色是设定标准按钮构件文字背景颜色，当选择图形背景时，此设置不起作用。使用相同属性：可选择抬起按下两种状态是否使用完全相同属性，默认为选中，即当前设置内容同时应用到抬起按下状态。水平对齐和垂直对齐：指定标准按钮构件上的文字对齐方式，背景图案的对齐方式与标题文字的对齐方式正好相反。文字效果：指定标准按钮构件上的文字显示效果，有平面和立体两种效果可选。按钮类型："3D 按钮"是具有三维效果的普通按钮。"轻触按钮"则实现了一种特殊的按钮轻触效果，适于与其他图形元素组合成具有特殊按钮功能的图形。使用蜂鸣器：设置下位机运行时点击按钮是否有蜂鸣声，默认为无。

图 2.1.6　标准按钮的基本属性设置窗口

图 2.1.7 所示为标准按钮的操作属性设置窗口。操作属性主要用来设置标准按钮构件完成指定的功能。用户可以分别设定抬起按下两种状态下的功能,首先应选中将要设定的状态,然后选择将要设定的功能前面的复选框,进行设置。一个标准按钮构件的一种状态可以同时指定几种功能,运行时构件将逐一执行。执行运行策略块:此处可以指定用户所建立的策略块,MCGS 嵌入版系统固有的三个策略块(启动策略块、循环策略块、退出策略块)不能被标准按钮构件调用。组态时,按下本栏右边按钮,从弹出的策略块列表中选取。打开用户窗口和关闭用户窗口:此处可以设置打开或关闭一个指定的用户窗口,也可以在右侧下拉菜单的用户窗口列表中选取。如果指定的用户窗口已经打开,打开窗口操作将使 MCGS 嵌入版简单地把这一窗口弹到最前面;如果指定的用户窗口已经关闭,则关闭窗口操作被MCGS 嵌入版忽略。打印用户窗口:此处可以设置打印用户窗口,用户可以在右侧下拉菜单的用户窗口列表中选择要打印的窗口。退出运行系统:本操作用于退出当前环境,系统提供退出运行程序、退出运行环境、退出操作系统、重启操作系统和关机五种操作。数据对象值操作:本操作一般用于对开关型对象的值进行取反、清 0、置 1 等操作。"按 1 松 0"操作表示鼠标在构件上按下不放时,对应数据对象的值为 1,而松开时,对应数据对象的值为 0;"按 0松 1"的操作则相反。可以按下输入栏右侧的按钮("?"),从弹出的数据对象列表中选取。按位操作:用于操作指定的数据对象的指定位(二进制形式),其中被操作的对象即数据对象值操作的对象,要操作的位的位置可以指定变量或数字。清空所有操作:快捷地清空两种状态的所有操作属性设置。

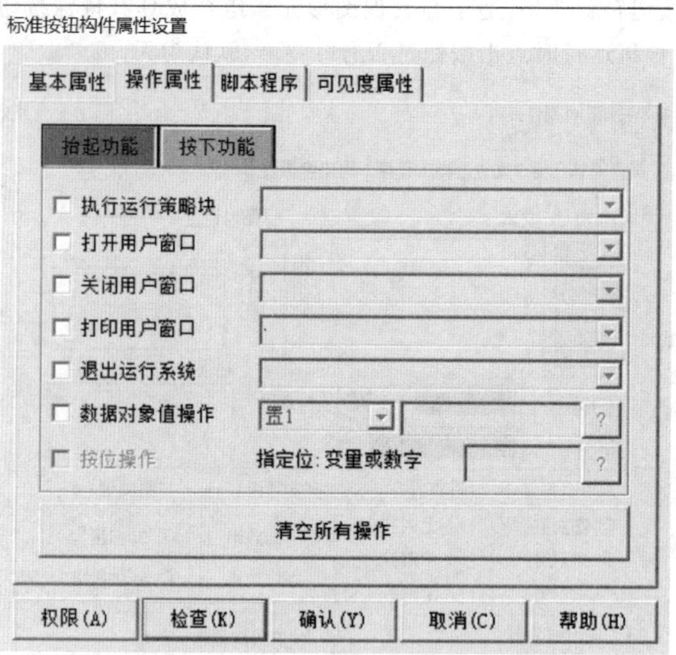

图 2.1.7 标准按钮的操作属性设置窗口

用户可在图 2.1.8 显示的属性页面窗口内分别编辑抬起、按下两种状态的脚本程序,运行时,当完成一次按钮动作时,系统执行一次对应的脚本程序。

执行插入一个指示灯符号的操作时,点击左侧工具箱当中的插入元件,如图 2.1.9 所示。

标准按钮构件属性设置

基本属性 | 操作属性 | 脚本程序 | 可见度属性

抬起脚本 | 按下脚本

打开脚本程序编辑器 | 清空所有脚本

权限(A) | 检查(K) | 确认(Y) | 取消(C) | 帮助(H)

图 2.1.8 标准按钮的脚本程序　　　　　　　图 2.1.9 插入元件

在图形对象库中找到指示灯,点击指示灯 3,如图 2.1.10 所示。

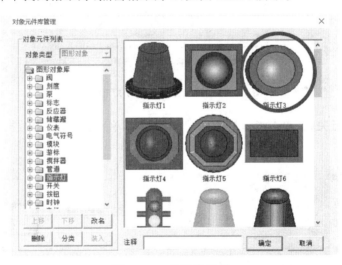

图 2.1.10 选择指示灯

在实时数据库当中,我们点击新增对象,双击这个数据处理对象,将数值对象的名称选择为开关型对象,点击确认,就建立好了一个叫作灯的开关型数据对象,如图 2.1.11 所示。

回到组态动画窗口,将标准按钮与指示灯相关联。双击标准按钮构件,点击操作属性。标准按钮构件有抬起与按下两种状态,可分别设置其动作,对应的按钮动作有:执行运行策略块、打开用户窗口、关闭用户窗口、打印用户窗口、退出运行系统、数据对象值操作、按位操作,如图 2.1.12 所示。

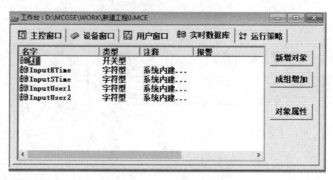

图 2.1.11　新建数据对象

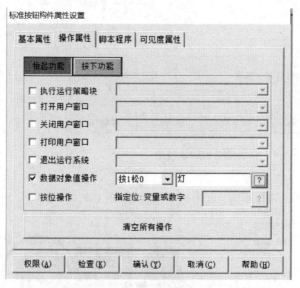

图 2.1.12　标准按钮与指示灯相关联

将指示灯进行关联，双击指示灯构件，调出指示灯单元属性，点击数据对象选项卡，如图 2.1.13 所示。

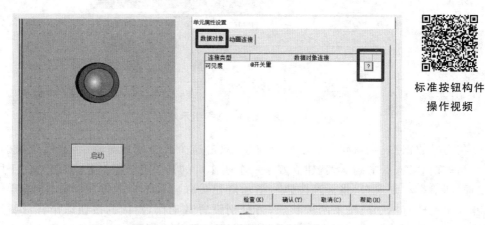

标准按钮构件
操作视频

图 2.1.13　指示灯与数据对象相关联

点击工程下载即完成所有操作。

2.1.2　开关构件的使用

开关构件
的使用

【学习目标】

掌握开关构件的使用方法。

【任务描述】

开关闭合时，马达启动；开关断开时，马达停止。如图 2.1.14 所示。

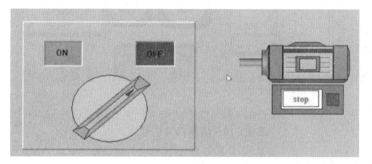

开关构件的
动画演示

图 2.1.14　开关控制马达的启动和停止

开关构件是工控系统常用的一种开关量的输入设备，在 MCGS 嵌入版组态软件中它模拟的是开关的动作。本节介绍使用开关来控制一个马达的启动与停止。

>>→ ▍小笔记 ▍⋯⋯

开关有两种工作状态，一种是＿＿＿＿＿＿＿＿＿＿，另一种是＿＿＿＿＿＿＿＿＿＿。

【设计过程】

首先，双击电脑桌面上面的 MCGS 嵌入版组态软件图标，打开之后，我们可以点击左上角的新建图标，或者在文件菜单下点击新建工程，建立一个新的组态工程，如图 2.1.15 所示。

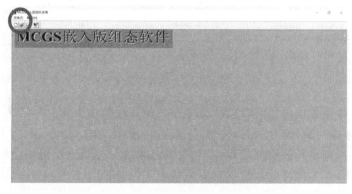

图 2.1.15　新建组态工程

点击左侧工具箱中的插入元件图标,在图形对象库中选择开关,再选择开关6,点击确定,如图 2.1.16 所示。通过鼠标将其移动到想要放置的位置并调整为合适的大小。

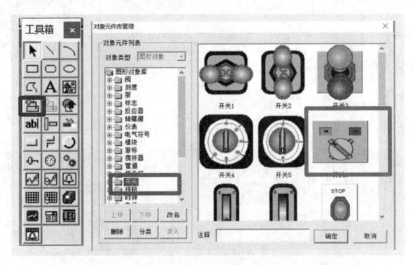

图 2.1.16 选择开关构件

再点击插入元件图标,选择马达,再选择马达3,点击确定。用鼠标将马达3拖拽到合适的位置。如图 2.1.17 所示。

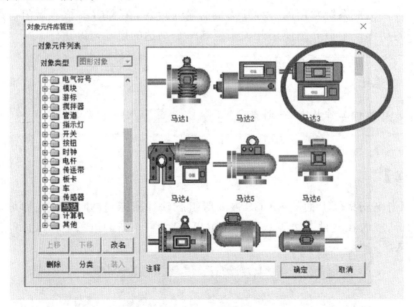

图 2.1.17 选择马达

开关的动作将使数据对象"1"或者"0"实现一种开关量的操作。然后再将数据对象与马达相关联,通过数据对象,将开关与马达建立起了联系,如图 2.1.8 所示。

双击开关构件调出开关构件的属性,在数据对象这一栏当中点击按钮输入,再点击后面的"?"图标。这样,开关构件就与数据对象关联上了,如图 2.1.9 所示。

再双击这个马达的图标,在数据对象属性窗口中,点击可见度,再点击后面的"?"图标,与开关相关联,点击"确认",如图 2.1.20 所示。这样马达与数据对象就关联好了。

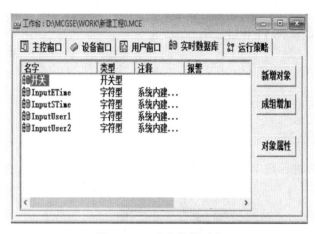

图 2.1.18　建立数据对象

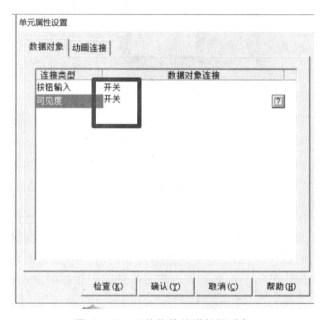

图 2.1.19　开关构件关联数据对象

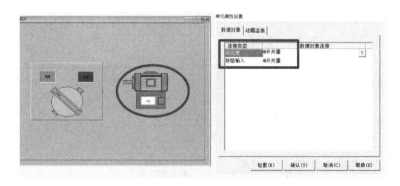

图 2.1.20　马达与数据对象关联

开关构件
操作视频

点击工程下载,下载完毕之后,点击启动运行。

2.1.3 输入框构件的使用

【学习目标】

掌握输入框构件的使用方法。

【任务描述】

通过输入框构件进行数字输入,调整水罐里的液位高低,如图 2.1.21 所示。

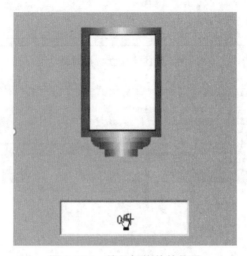

图 2.1.21 输入框构件的使用

输入框构件用于接收用户从键盘输入的信息,通过合法性检查之后,将它转换成适当的形式,赋予实时数据库中所连接的数据对象。输入框构件也可以作为数据输出的器件,显示所连接的数据对象的值。形象地说,输入框构件在用户窗口中提供了一个观察和修改实时数据库中数据对象的值的窗口。

输入框构件
动画演示

【设计过程】

打开组态软件,进入到动画组态窗口,点击左侧工具箱当中的输入框构件,在窗口合适的位置拖拽出一个输入框,如图 2.1.22 所示。

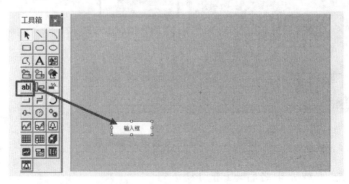

图 2.1.22 放置输入框

选择添加一个储藏罐,点击插入元件图标,选择储藏罐元件库,找到并选择罐 42,点击确定,如图 2.1.23 所示。

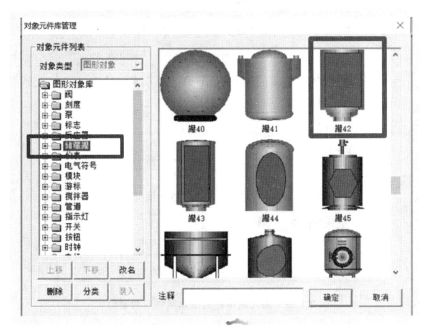

图 2.1.23 放置储藏罐

在工作台的实时数据库当中,建立一个新增数据对象。因为输入框主要输入的是数字,所以数据对象的类型一定要选择数值型,名称可以根据任务随意命名,这里我们叫"液位",点击确认,这样就建立好了一个名为"液位"的数值型的数据对象。如图 2.1.24 所示。

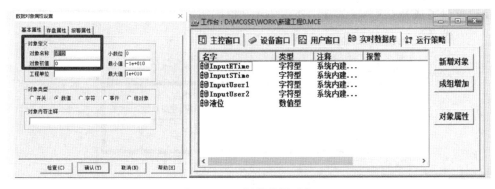

图 2.1.24 新增数据对象

回到用户窗口中,双击输入框,可以调出输入框构件的基本属性设置窗口,如图 2.1.25 所示。

>> ➡ **小笔记** . . . . .

输入框构件的基本属性主要有_____、_____、_____、_____、

_____。

图 2.1.25　输入框构件的基本属性设置窗口

　　输入框构件的操作属性包括指定对应数据对象的名称及其数值范围、数据格式,设置操作快捷键等,如图 2.1.26 所示。对应数据对象的名称:这项内容必须设置,指定输入框构件所连接的数据对象名称。使用右侧的问号("?")按钮,可以方便地查找已经定义的所有数据对象,鼠标双击所要连接的数据对象,这里连接"液位",即可将其设置在栏内。可以连接的数据对象包括数值型、开关型和字符型三种类型。可以把使用单位勾选上,因为是液体所以这个单位可以写成升。

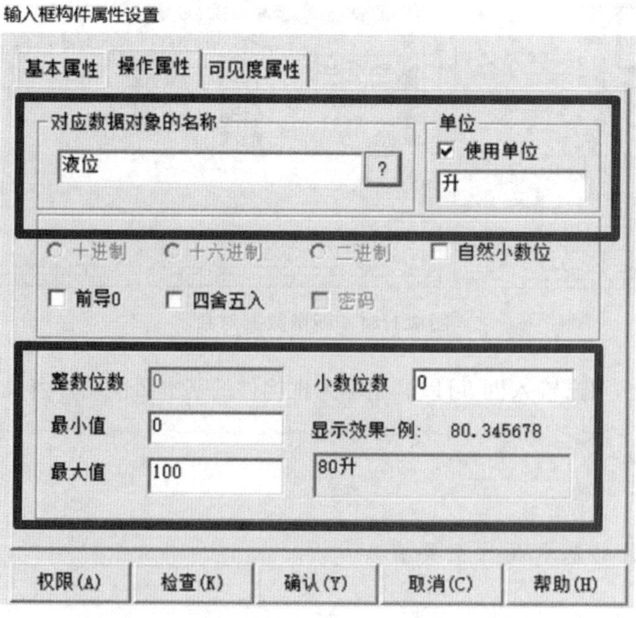

图 2.1.26　输入框构件的操作属性设置窗口

数值输入的取值范围,设定了最小值和最大值,超过界限值时,运行时只取设定的界限值。如最小值为 0 时表示储藏罐没有液体,最大值为 100 时表示储藏罐的容量最大是 100 升,点击确定。

双击储藏罐构件打开单元属性设置,在数据对象选项卡中点击问号图标,使大小变化与液位对象相关联,如图 2.1.27 所示。

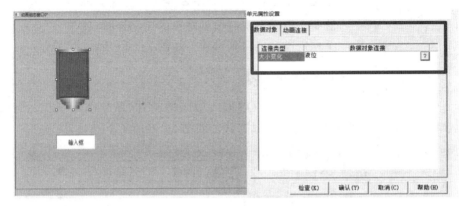

图 2.1.27　储藏罐构件设置

点击工程下载并进入启动运行环境,如图 2.1.28 所示。

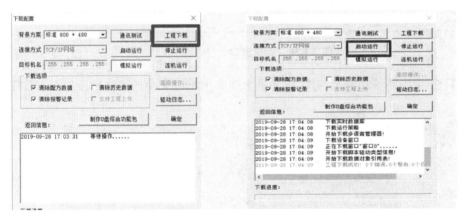

图 2.1.28　工程下载

输入框构件
操作视频

2.1.4　组合框构件的使用

【学习目标】

掌握组合框构件的使用方法。

【任务描述】

通过下拉框选择气球的颜色。

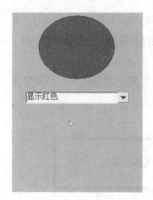

图 2.1.29　组合框构件的使用

组合框构件
动画演示

MCGS嵌入版的组合框构件包括了4种类型(下拉组合框、列表组合框、策略组合框以及窗口组合框),不同类型的组合框有不同的处理策略。由于组合框构件的多样性,用户可以组合不同类型的组合框构件,完成大部分的手工输入工作,再结合组合框构件的属性和方法脚本以及和实时数据对象的无缝连接,使整个系统的功能得到增强。如图2.1.29所示。

【设计过程】

打开MCGS嵌入版组态软件,新建一个工程。触摸屏的类型选择TPC-7062K,背景颜色和网格选成默认。如图2.1.30所示。

图 2.1.30　新建窗口

在左侧的工具箱当中,选择组合框构件,在屏幕上拖拽出相应大小的组合框。如图 2.1.31 所示。

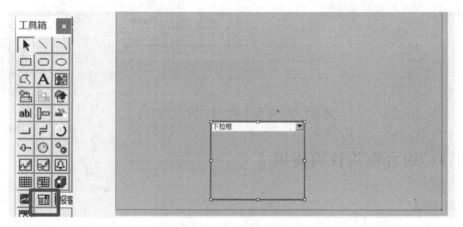

图 2.1.31　放置组合框

在工具箱当中,选择一个椭圆形状,在屏幕上拖拽出一个椭圆形气球。如图2.1.32所示。

双击组合框构件可以调出组合框构件的属性设置窗口。这里面分为基本属性和选项设置。基本属性页中控件名称是用来设置组合框构件的名称;缺省内容是用来设置构件的缺省内容;数据关联是用来选择或者输出到实时数据变量的名称;ID号关联是用来获取下拉

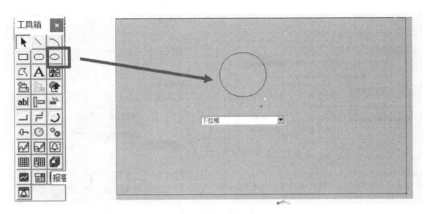

图 2.1.32　放置椭圆形气球

框菜单的选项数值;背景颜色是用来设置组合框构件编辑框部分的背景颜色;文本颜色是用来设置组合框构件编辑框部分文字颜色;文本字体是用来设置组合框构件文本的文字字体;构件类型是用来设置组合框构件的类型,比如下拉组合框、列表组合框等。

　　对组合框选项进行设置,输入第一个选项显示灰色,按回车键,再输入第二个选项,显示红色,再输入第三个选项,显示绿色。第四个选项显示蓝色,第五个选项显示黄色。设置好之后,对应的五个选项就是组合框可以向用户展示的五个选项。如图 2.1.33 所示。

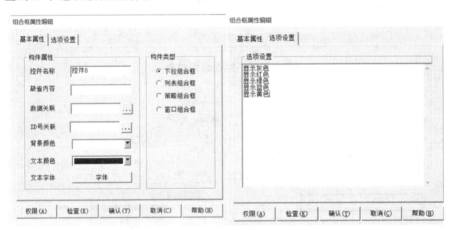

图 2.1.33　组合框构件的属性设置窗口

　　双击椭圆构件,调出动画组态属性设置窗口,如图 2.1.34 所示。在"颜色动画连接"下勾选"填充颜色",会出现一个"填充颜色"的选项卡,如果这个椭圆形气球要显示五种颜色,需要增加颜色,就点击增加五个颜色。分段点对应的颜色值分别是 0 对应灰色,1 对应红色,2 对应绿色,3 对应蓝色,4 对应黄色。选好了对应的颜色,点击"确认"。注意这里的值是从 0 开始的。

　　在实时数据库里面建立一个数据对象,因为组合框构件是靠所对应的 ID 号关联来实现不同颜色的选项的,建立一个名为"颜色"的数值型的数据对象,如图 2.1.35 所示。

　　双击组合框选择基本属性,点击"ID 号关联"后面的三个小点,与颜色这个数据对象相关联。再将颜色数据对象与这个椭圆形气球的图符相关联,双击这个椭圆形气球的符号调出填充颜色的选项卡,在这里面有一个表达式,将它与颜色数据对象相关联,如图 2.1.36 所示。

组合框构件
操作视频

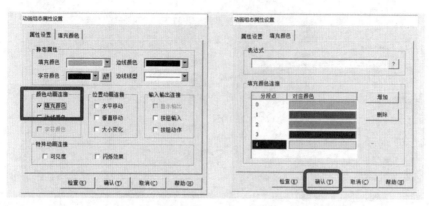

图 2.1.34　椭圆构件动画组态属性设置窗口

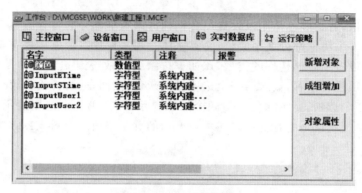

图 2.1.35　建立数据对象

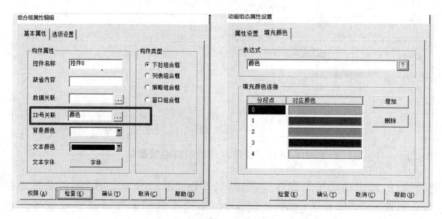

图 2.1.36　关联 ID

小笔记　. . . . .

　　如图 2.1.36 所示,颜色等于 0 时,显示＿＿＿＿;颜色等于 1 时,显示＿＿＿＿;颜色等于 2 时,显示＿＿＿＿;颜色等于 3 时,显示＿＿＿＿;颜色等于 4 时,显示＿＿＿＿。如此就通过颜色这样一个数据对象,将组合框与椭圆形气球符号相关联了。

点击工程下载并进入模拟运行环境,默认显示的是第一个选项卡(显示灰色),点击向下的箭头,气球就会根据组合框构件里所选择的颜色进行显示。

2.1.5 滑动输入器构件的使用

【学习目标】

掌握滑动输入器构件设置的方法;掌握在 MCGS 组态软件当中如何改变对象的位置。

滑动输入器
构件动画演示

【任务描述】

完成滑动输入器构件对小车位置的控制,如图 2.1.37 所示。

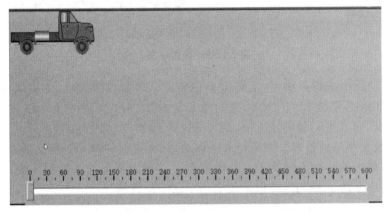

图 2.1.37 滑动输入器构件对小车位置的控制

【设计过程】

点击左侧工具箱中的滑动输入器图标,在屏幕上拖拽出一个相应大小的滑动输入器,如图 2.1.38 所示。

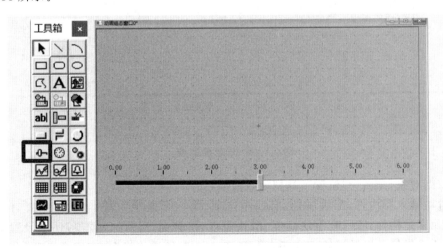

图 2.1.38 放置滑动输入器

点击插入元件图标,选择车元件库,再选择其中的拖车4,如图2.1.39所示。

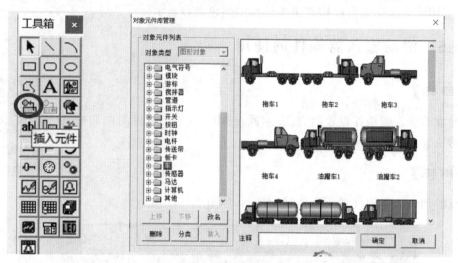

图2.1.39　放置小车

　　在 MCGS 动画组态窗口中,左上角为坐标零点。像素点的大小,主要取决于所使用触摸屏的型号。如触摸屏是 TPC7062K,它的像素是 800×480,水平向右为 x 轴的正方向,最大 800 个像素点,向下为 y 轴的正方向,最大 480 个像素点,如图2.1.40所示。让小车在屏幕上移动就是改变小车的位置。如果是水平移动,那么最大的移动范围是 800 个像素点;如果是垂直移动,最大的移动范围是 480 个像素点。在利用滑动输入器来改变小车水平位置时,是通过改变小车的 x 轴的坐标值来改变小车水平位置的。

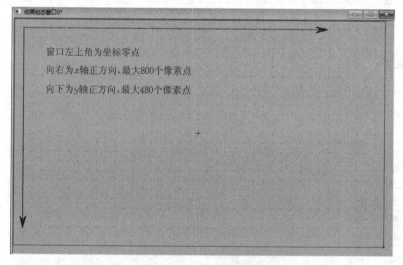

图2.1.40　屏幕像素点

　　建立数据对象,命名为"位置",类型为数值型,如图2.1.41所示。
　　双击滑动输入器构件,配置属性,有四个选项,第一个选项为基本属性,主要有两个元素,第一个元素是构件外观,有滑块高度、滑块宽度、滑轨高度三个设置项,还能设置滑块表面颜色、滑轨背景颜色以及滑轨填充颜色。第二个元素是滑块指向,有四个选项,分别是无指向、指向右(下)、指向左(上)、指向左右(上下)。如图2.1.42所示。

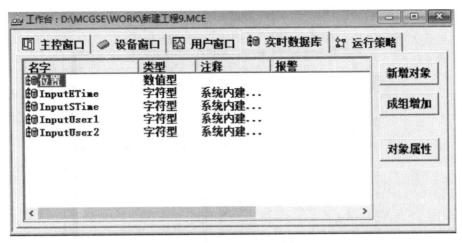

图 2.1.41 新建数据对象

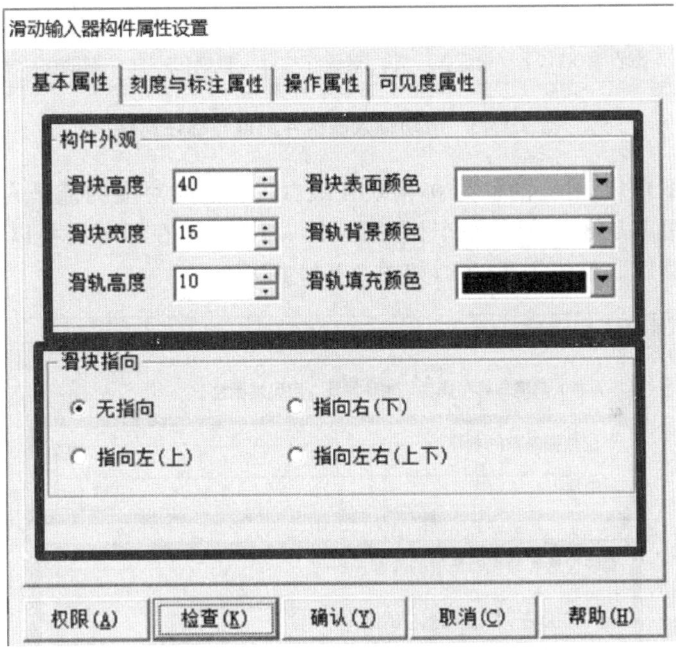

图 2.1.42 滑动输入器构件基本属性

刻度与标注属性是比较重要的,这个选项里面可以设置滑块的清晰程度,如图 2.1.43 所示。

刻度中的主划线,数目越多这个刻度分得就越细,次划线的数目主要指的是将两个主划线分成几份或者几段,颜色分别对应可选。主划线与次划线的长宽,可以选择。如主划线数目为 20,次划线数目为 2,小数位数为 0。小数位数可以根据实际需求来选择是几位。标注属性元素中,可设置标注颜色、标注字体以及标注间隔、小数位数。标注显示元素中,可以选择不显示、在左(上)边显示、在右(下)边显示、在左右(上下)显示。

操作属性包括对应数据对象的名称,主要是滑动输入器在滑动过程当中所改变数据对象的值。这里与刚才建立的数据对象"位置"相关联。滑块位置和数据对象值的连接元素

滑动输入器构件属性设置

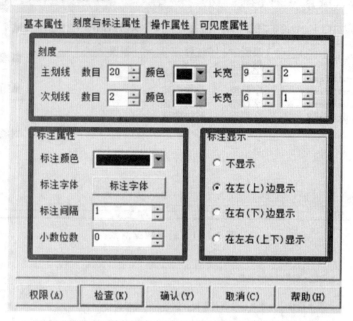

图 2.1.43　滑动输入器构件刻度与标注属性

中,滑块在最左(下)边时对应的值是 0,滑块在最右(上)边时对应的值是 600,因为整个屏幕水平位移的最大距离是 800,但是小车长度是 180,那么为了在屏幕上可以完整地看见小车,就将它的长度减掉后取整约等于 600,如图 2.1.44 所示。

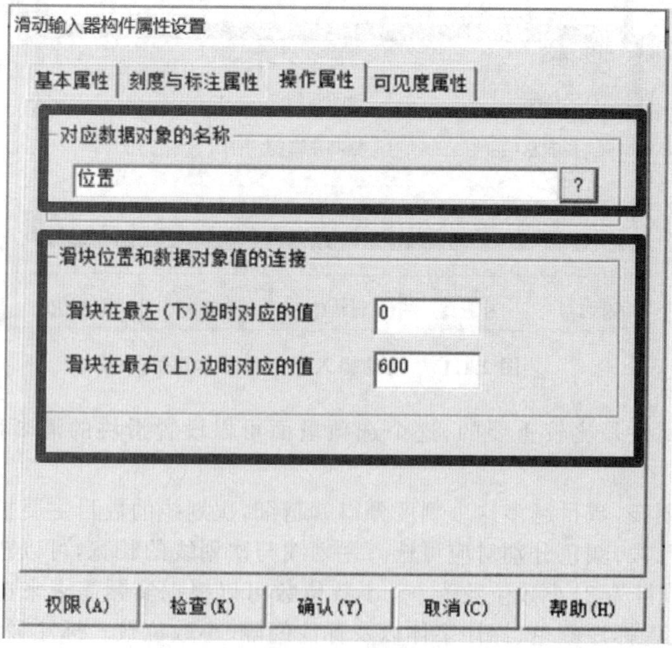

滑动输入器构件属性设置

基本属性 | 刻度与标注属性 | 操作属性 | 可见度属性

对应数据对象的名称

位置　　　　　　　　　　　　　　　　　　　　　　　　　？

滑块位置和数据对象值的连接

滑块在最左(下)边时对应的值　　0

滑块在最右(上)边时对应的值　　600

权限(A)　　检查(K)　　确认(Y)　　取消(C)　　帮助(H)

图 2.1.44　滑动输入器构件操作属性

　　滑动输入器配置好之后,这个滑动输入器可以输入 0~600 之间的整数值。主划线数目设置为 20。因为次划线数目设置为 2,那么就将两个主划线之间分成了两段。这样设置的滑动输入器,通常可以用作工程实践中两个固定值之间的数据输入,比如一个水箱,里面的液位水位最低是零,最高一定会有个限度。那么,当设置这个水箱的容量时,可以使用滑动输入器作为它的一个界限。

滑动输入器构件
操作视频

点击工程下载并进入运行环境,当下载完毕之后,点击启动运行并观察其现象。

2.1.6 旋钮输入器构件的使用

【学习目标】

(1)掌握旋钮输入器构件的使用方法;

(2)熟悉 MCGS 组态软件中动画大小变化的操作。

【任务描述】

通过调节旋钮输入器改变五角星的大小,如图 2.1.45 所示。

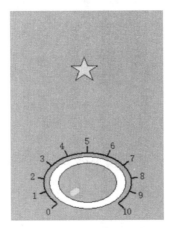

图 2.1.45 旋钮输入器构件的使用

旋钮输入器构件
动画演示

旋转输入器构件主要是用来模拟仪器设备上的旋钮装置,通过对旋钮操作,可以改变构件所连接数据对象的值。运行时,当鼠标位于旋钮输入器构件的上方时,光标将变为带方向箭头的形状,表示可以执行旋钮操作。当光标位于旋钮的右半边时,为顺时针箭头,表示用户的操作将使旋钮沿顺时针方向旋转;当光标位于旋钮的左半边时,为逆时针箭头,表示用户的操作将使旋钮沿逆时针方向旋转。用户单击鼠标左键或右键,旋钮输入器构件将按照用户的要求转动,旋钮上的指针所指向的刻度值即为所连接的数据对象的值。

【设计过程】

打开 MCGS 嵌入版组态软件,新建一个工程。在工具箱中找到旋钮输入器构件放置到屏幕上,如图 2.1.46 所示。

点击工具箱中的常用图符,点击五角星按钮,如图 2.1.47 所示,在窗口中旋钮的上方绘制一个五角星,如图 2.1.48 所示。

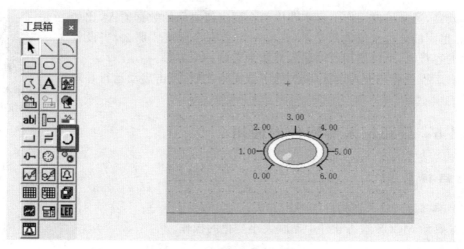

图 2.1.46　放置旋钮输入器构件

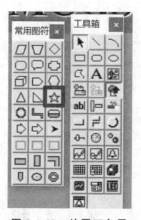

图 2.1.47　放置五角星

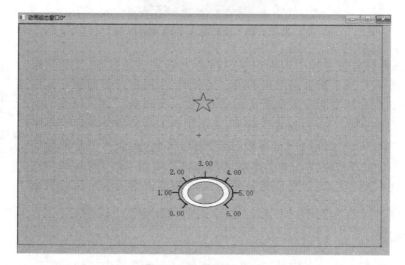

图 2.1.48　绘制五角星

　　将五角星和旋钮输入器这两个控件通过数据对象相关联。在实时数据库中新增一个数据对象,取名"大小",对象的类型为数值型,如图 2.1.49 所示。

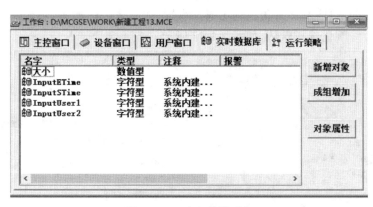

图 2.1.49　建立数据对象

返回用户窗口,对旋钮输入器和五角星的属性分别进行设置。用鼠标双击旋钮输入器构件,弹出构件的属性设置对话框。

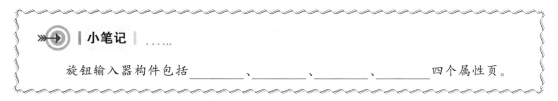

小笔记 ......

旋钮输入器构件包括＿＿＿＿、＿＿＿＿、＿＿＿＿、＿＿＿＿四个属性页。

基本属性主要描述的是构件的外观,包括指针的颜色、指针的边距、指针的长度、圆边的颜色、圆边的线型。

刻度与标注属性中,刻度:设置主划线和次划线的数目、颜色、长度、宽度。

标注属性:设置标注文字的颜色、字体、标注间隔和标注的小数位数。标注显示:设置是否显示标注文字以及标注的位置。其中刻度与标注属性和滑动输入器构件基本一致。主划线数目设置为10,次划线数目设置为1,标注颜色、标注字体、标注间隔,选择默认即可。标注显示设置中,选择在圆的外面显示。

操作属性中,对应数据对象的名称是指旋钮输入器构件所对应的数据对象,一般为数值型,数据对象的值和旋钮指针的位置成一一对应的关系。当旋钮输入器进行旋转的时候,改变的是"大小"这个数据对象的值。标度位置和数据对象值的连接:最大、最小位置所对应的数据对象的值,如图2.1.50所示。

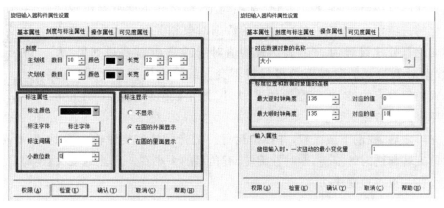

图 2.1.50　旋钮输入器构件属性设置

设置五角星的属性，双击五角星调出属性设置，如图 2.1.51 所示，填充颜色一栏，选择黄色，字符颜色、边线颜色选择默认，如图 2.1.52 所示。

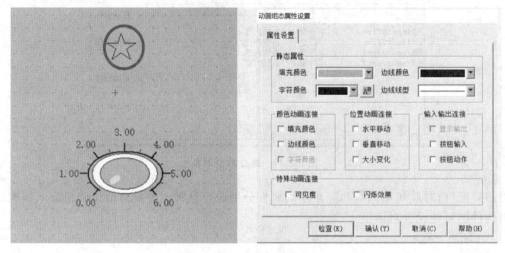

图 2.1.51　五角星属性设置

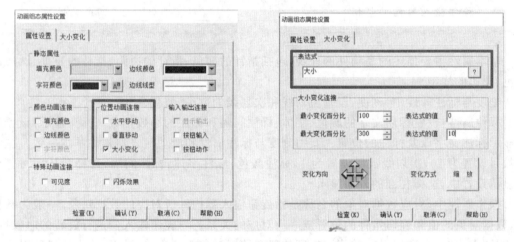

图 2.1.52　关联数据对象

将位置动画连接当中的"大小变化"选项勾上，那么在下面就会出现一个大小变化的选项，与刚才建立的"大小"的数据对象相关联。大小变化连接中最小变化百分比设置为 100，表达式的值对应的是 0，就是说如果"大小"这个数据对象为 0 的时候五角星保持不变。最大变化百分比设置为 300，表达式的值对应的是 10，就是说如果"大小"这个数据对象为 10 时五角星会变成原来的百分之三百。

旋钮输入器构件
操作视频

设置完毕之后，我们下载工程，并模拟运行。把光标放到旋钮输入器上，根据光标的箭头有顺时针旋转和逆时针旋转，顺时针旋转，五角星的大小在一点点地变大；逆时针旋转，五角星的大小在一点点地变小。

◀ 2.2 从屏幕中来——输出控制 ▶

2.2.1 指明方向的流动块构件

【学习目标】

(1) 掌握流动块构件的使用方法；

(2) 掌握 MCGS 组态软件中策略行的使用方法。

【任务描述】

如图 2.2.1 所示，打开阀门，液体流出，关闭阀门，液体停止流出，点击注满按钮，罐中液体注满。

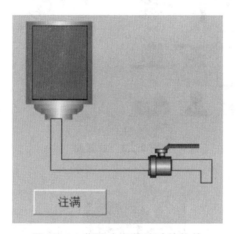

图 2.2.1 指明方向的流动块构件

流动块构件是用来模拟管道内液体流动状态的动画图形，具有流动状态和不流动状态两种工作模式。这两种工作模式是由流动块构件属性对话框中的流动属性条件表达式决定的。当流动条件表达式被满足时，流动块处于不流动状态，显示的是管道内液体静止的状态；反之，处于流动状态，流动块构件将显示液体在管道内流动的状态，流动的速度由系统的闪烁频率决定。那么我们通过一个具体的实例来讲解流动块构件的使用方法。

流动块构件
动画演示

【设计过程】

建立一个新的组态工程。打开窗口，点击"增加元件对象"。在对象类型中点选"储藏罐"。在元件库中找到"罐 42"，在窗口中找到合适的位置，放置"罐 42"，如图 2.2.2 所示。

在阀门对象元件库当中，找到"阀 43"，在窗口中合适的位置放置阀门，如图 2.2.3 所示。

点击"流动块构件"，将储藏罐与阀门使用流动块构件连接起来，在阀门的出口端也放置一个流动块构件，如图 2.2.4 所示。

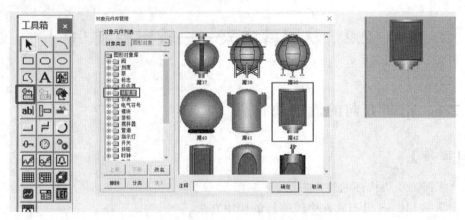

图 2.2.2　放置储藏罐

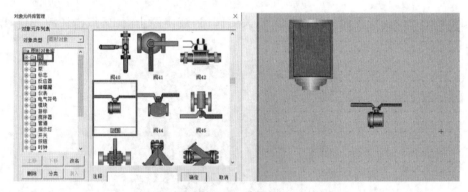

图 2.2.3　放置阀

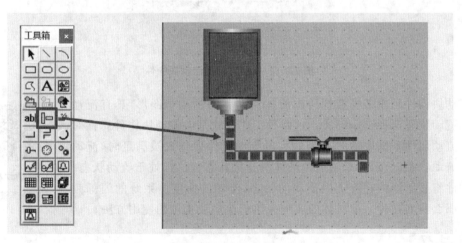

图 2.2.4　放置流动块

　　添加一个标准按钮。将标准按钮名称命名为"注满"。标准按钮构件的作用是将罐中液体注满，当阀门打开时，流动块开始流动，罐中的液体逐渐减少。当阀门关闭时，罐中的液体停止流动。罐中的液体为零时，流动块停止流动。点击"注满"按钮，可以将储藏罐中的液体加满。如图 2.2.5 所示。

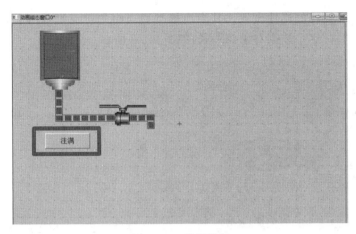

图 2.2.5 放置按钮

新建三个数据对象,第一个是"液位",类型是数值型,初值设为 100。下一个是"阀",阀只有两种状态"开"和"关",它的数据类型是"开关型"。还有一个是"注满",它关联注满按钮,数据类型为开关型,如图 2.2.6 所示。

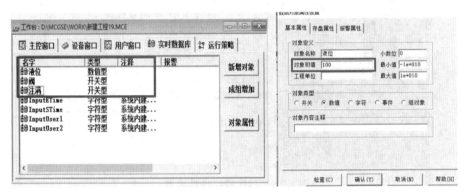

图 2.2.6 建立数据对象

对构件进行属性配置,双击窗口中的罐,打开单元属性设置。其中在数据对象的连接类型这一栏中,与刚才建立的名为"液位"的数据对象相关联,点击确认,如图 2.2.7 所示。

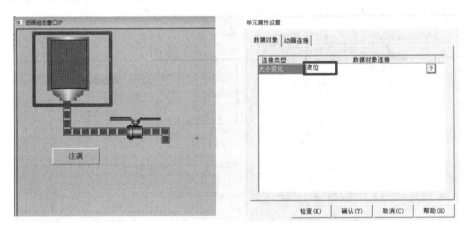

图 2.2.7 对罐进行属性设置

双击阀门,打开阀门的属性设置。其中连接类型当中的可见度与"阀"这个数据对象相关联,按钮输入与"阀"这个数据对象相关联,如图 2.2.8 所示。

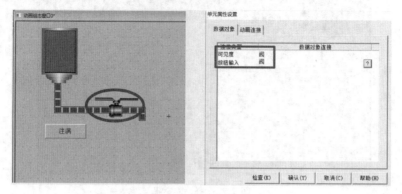

图 2.2.8 阀门属性设置

双击标准按钮构件打开属性设置,在操作属性中,勾选'数据对象值操作'一项,操作方式为"按 1 松 0",关联数据对象为"注满",点击确定,如图 2.2.9 所示。

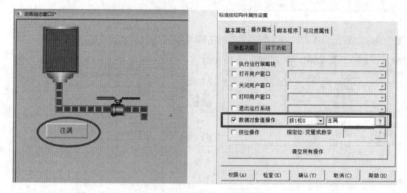

图 2.2.9 标准按钮属性设置

设置流动块构件属性,其中基本属性下的流动外观项中,包括块的长度、块间间隔、侧边距离、块的颜色、填充颜色、边线颜色。本任务中块的长度设置为 8,块间间隔设置为 4,侧边距离设置为 3,块的颜色设置为蓝色。流动方向是指设置构件模拟液体流动时的方向,选择从左(上)到右(下),流动速度分为快、中、慢三挡,这里我们选择"快",如图 2.2.10 所示。

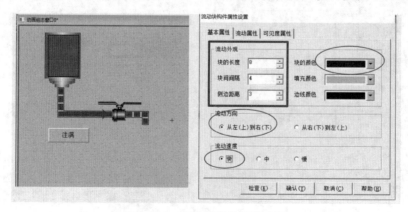

图 2.2.10 流动块构件属性设置

小笔记 ......

流动块构件属性包括 ＿＿＿＿＿、＿＿＿＿＿、＿＿＿＿＿。

打开流动块流动属性设置窗口。其中表达式是指输入一个表达式,它是决定流动开始和停止的条件。或者利用右侧的问号("?")按钮,从显示的表达式列表中选取。如果不设置表达式则流动块构件永远处于停止状态。

本任务中什么时候流动块开始流动呢?根据要求,可以知道,当阀门打开的时候,并且罐中液位大于零时,流动块开始流动。所以,流动块的流动属性表达式设置为"阀＝1 and 液位＞0"。如果勾选"当停止流动时,绘制流体"一项,则流动块停止流动时,绘制流动块,否则不绘制流动块。这里我们不选此项,设置完毕之后,点击确认,如图 2.2.11 所示。

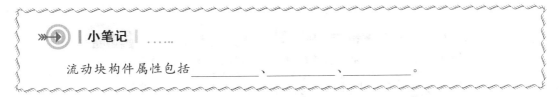

图 2.2.11　流动块流动属性设置

运行策略本身是系统提供的一个框架,其里面放置有策略条件构件和策略构件组成的"策略行",通过对运行策略的定义,使系统能够按照设定的顺序和条件操作实时数据库、控制用户窗口的打开、关闭并确定设备构件的工作状态等,从而实现对外部设备工作过程的精确控制。

一个应用系统有三个固定的运行策略:启动策略、循环策略和退出策略,同时允许用户创建或定义最多 512 个用户策略。启动策略在系统启动时运行,退出策略在系统退出前运行,循环策略按照设定的时间循环运行,用户策略供系统中的其他部件调用。

策略条件部分构成策略行的条件部分,是运行策略用来控制运行流程的主要部件。在每一策略行内,只有当策略条件设定成立时,系统才能对策略行中的策略构件进行操作。

通过对策略条件部分的组态,用户可以控制在什么时候、什么条件下、什么状态下,对实时数据库进行操作,对报警事件进行实时处理,打开或关闭指定的用户窗口,完成对系统运行流程的精确控制。

在运用策略工作台面中双击循环策略,打开策略组态窗口,如图 2.2.12 所示。

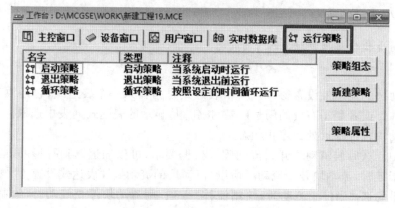

图 2.2.12　打开策略组态窗口

用鼠标右键单击策略属性设置图标,点击"新增策略行"来增加两个策略行,第一个策略行主要完成罐中的液位动态减少,第二个策略行主要用于注满罐中的液位,如图 2.2.13 所示。

图 2.2.13　新建策略

双击第一个策略行条件属性图标,表达式输入"阀=1 and 液位＞0",条件设置为"表达式的值非 0 时条件成立",如图 2.2.14 所示。

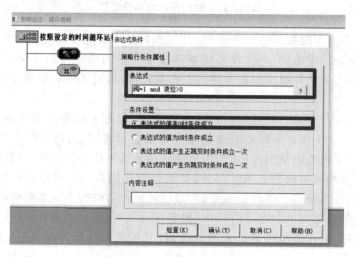

图 2.2.14　策略行条件设置

在策略工具箱中单击数据对象工具并拖拽到构件图标中。双击数据对象图标,打开数据对象操作对话框,在基本操作页面将对应数据对象的名称关联"液位",勾选"对象的值"并关联"液位-5",如图 2.2.15 所示。

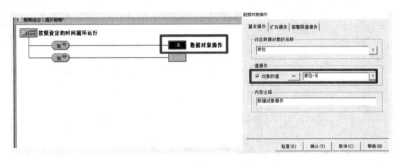

图 2.2.15 数据对象操作的设置

以同样的操作,对第二个策略行进行设置。这里的条件表达式为"注满",如图 2.2.16 所示。

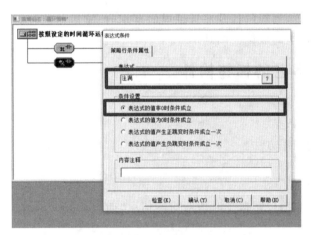

图 2.2.16 策略行设置

打开数据对象操作对话框,在基本操作页面将对应数据对象的名称关联"液位",勾选"对象的值"并关联为 100,如图 2.2.17 所示。

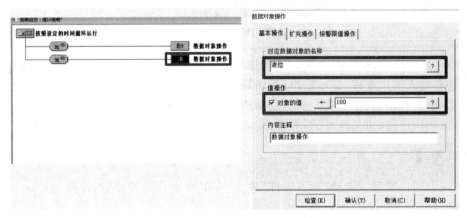

图 2.2.17 数据对象值关联操作

双击循环策略属性图标,将"定时循环执行,循环时间"设置为 500 ms,如图 2.2.18 所示。

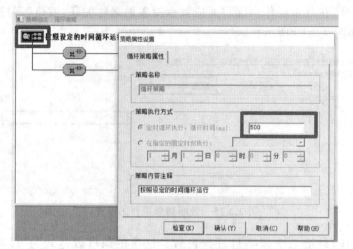

图 2.2.18　循环时间的设定

通过以上策略设置,当阀门打开并且罐里面有水时,罐里的液位每隔 500 ms 会减少 5;当点击注满按钮时,罐里的液位会回到 100。

2.2.2　多才多艺的标签构件

【**学习目标**】

掌握标签构件的使用方法。

【**任务描述**】

让标签构件显示当前按钮按下时所对应的信息,如图 2.2.19 所示。

图 2.2.19　标签构件的使用

在 MCGS 软件中,标签构件除了具有通过文本作为 Tag(标记)的功能之外,还具有输入输出连接(显示输出、按钮输入、按钮动作)、位置动画连接(水平移动、垂直移动、大小变化)、颜色动画连接(填充颜色、边线颜色、字符颜色)、特殊动画连接(可见度、闪烁效果)的功能。

【**设计过程**】

建立一个用户窗口。选择"标签构件"命令,在屏幕上合适的位置,拖拽出标签构件,如图 2.2.20 所示。

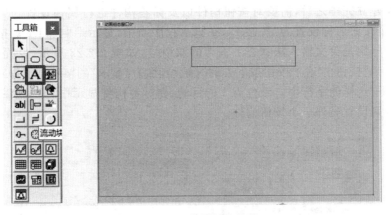

图 2.2.20 放置标签构件

选择标准按钮构件。在屏幕标签的下方,建立四个标准按钮,如图 2.2.21 所示。

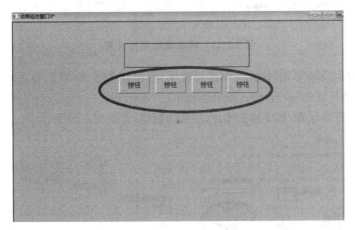

图 2.2.21 放置标准按钮

每一个按钮都要有一个对应的动作,也就是说,每一个按钮都应对应一个开关型的数据对象。要改变提示信息边框以及字符的颜色,所以需要添加一个名称为"颜色"的数据对象,类型为"数值型"。当不同按钮按下时,要输出显示出对应的提示字符,定义一个名称为"显示"的数据对象,类型为"字符型",如图 2.2.22 所示。

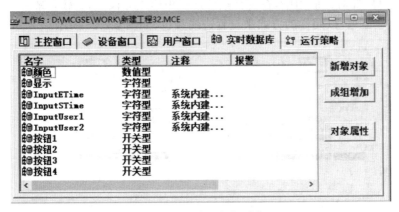

图 2.2.22 建立数据对象

数据对象建立完毕之后,需要对按钮构件以及标签构件进行属性设置。先设置标准按钮属性,第一个按钮名称设置为"按钮1",在脚本程序当中,显示="按钮1被按下",颜色=1,这里双引号一定是英文输入法状态下输入的双引号,如图2.2.23所示,设置完毕之后,点击确认按钮。当"按钮1"这个按钮按下去的时候,名称为"显示"的字符型数据对象就会存储"按钮1被按下"这样的字符串。颜色为1的目的:在标签构件显示中,显示第一种颜色。以同样的方法分别设置另外三个按钮构件。

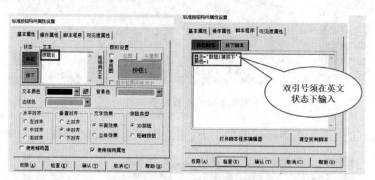

图2.2.23 标准按钮属性设置

下一步,设置标签构件的属性。在属性设置中,根据任务要求,我们勾选颜色动画连接当中的"边线颜色"和"字符颜色",勾选输入输出连接中的"显示输出"。点击字符颜色图标,可以对输出显示的字体格式进行设置,如字体选宋体,字形为粗体,大小为三号字,如图2.2.24所示。

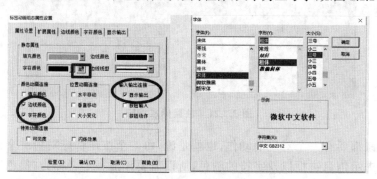

图2.2.24 设置标签构件的属性

在字符颜色属性对话框当中,在字符颜色连接中建立分段点,1对应绿色,2对应红色,3对应黄色,4对应蓝色,以同样的方式来设置边线颜色,如图2.2.25所示。

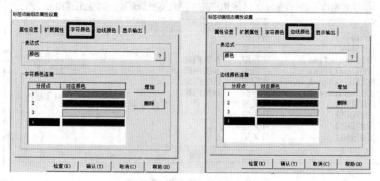

图2.2.25 设置字符和边线颜色

在显示输出属性对话框当中,表达式一栏的内容必须设置,在这里指定标签构件所连接的表达式名称。使用右侧的问号("?")按钮,可以方便地查找已经定义的所有数据对象,用鼠标双击所要连接的数据对象,即可将其设置在栏内。

> **»→ 小笔记** ……
>
> 标签构件可以连接的数据对象包括_____、_____和_____三种类型,
> 还可以是它们的_____。

通过点击问号,在变量选择对话框中,选择表达式对应的数据对象为"显示"。输出值类型,也必须设置内容,可供选择的输出值类型包括"开关量输出"、"数值量输出"和"字符串输出"三种。这里我们选择输出值类型为"字符串输出",如图 2.2.26 所示。

标签构件
操作视频

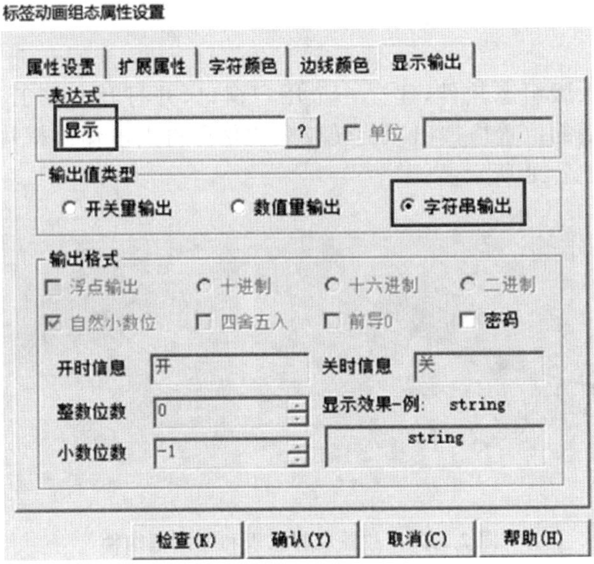

图 2.2.26 标签构件属性设置

设置完毕之后,点击确认按钮。然后下载程序并进入模拟运行环境。

2.2.3 旋转仪表构件的使用

【学习目标】

(1)掌握旋转仪表构件的使用方法;
(2)掌握 MCGS 组态软件中策略行的使用方法。

【任务描述】

列车时速表的显示设计中,在输入框当中输入预定的车速,那么这个仪表会显示所预设的车速。到达预定的车速之后,会停止在相应的位置。

旋转仪表构件
的使用

如图 2.2.27 所示,旋转仪表构件是用来模拟旋转式指针仪表的一种动画图形,用来显示数值型数据对象的值,旋转仪表构件的指针会随着数据对象值的变化而不断改变位置,指针所指向的刻度值,即为连接数据对象的当前值。

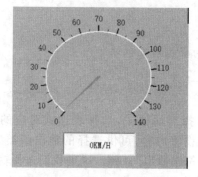

图 2.2.27　旋转仪表构件的使用

【设计过程】

打开 MCGS 嵌入版组态软件,建立一个用户窗口,并打开。在工具箱中选择旋转仪表构件,在用户窗口合适的位置拖拽出该旋转仪表构件。再点击输入框构件,在仪表的下方放置一个输入框,如图 2.2.28 所示。

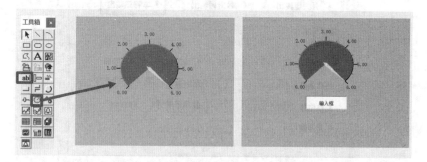

图 2.2.28　放置旋转仪表和输入框构件

想要将输入框的值与旋转仪表关联起来,就要建立两个数据对象,一个是当前速度,即仪表所指示的当前速度,另一个是预设速度,是输入框所关联的设定速度,如图 2.2.29 所示。

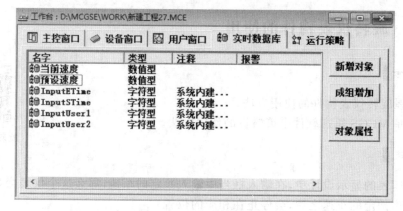

图 2.2.29　建立数据对象

建立好数据对象之后,分别对输入框构件和旋转仪表构件进行属性设置,输入框构件的属性设置如图 2.2.30 所示。这里面,输入框构件所关联的数据对象为预设速度,单位是千米每小时,最小值为 0,最大值为 140,小数位数为零。

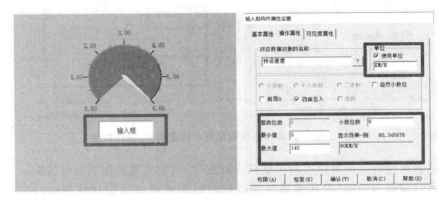

图 2.2.30 输入框构件的属性设置

下面对旋转仪表构件进行属性设置。双击旋转仪表构件,对旋转仪表构件的基本属性进行设置,基本属性描述的是构建的外观,构件外观是指设置仪表盘边线的颜色、线型以及仪表指针的颜色、指针划过区域的填充颜色、指针与仪表盘边线之间的距离、指针宽度。应当指出,指针划过区域显示的颜色并不是设置的填充颜色,而是它与背景颜色进行"异或"操作,最后才形成实际可见的填充颜色。这里指针颜色选择绿色,填充颜色选择灰色,圆边颜色选择白色,圆边线型选择默认,指针边距设置为 10,指针宽度设置为 3,如图 2.2.31 所示。

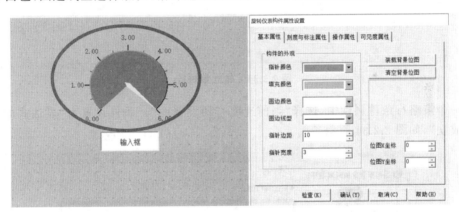

图 2.2.31 旋转仪表构件属性设置

背景位图像中"装载背景位图"按钮可以把对象元件库中的位图装入构件作为背景位图,"清空背景位图"按钮用于删除已装入的背景位图。下面的图形预览框则显示装入的位图。位图坐标是指背景位图的中心点相对于构件中心点的坐标,可用位图坐标来精确调整位图在构件中的位置。

在刻度与标注属性中,主划线数目设置为 14,次划线数目设置为 2,小数位数设置为 0。下面再设置操作属性。操作属性指的是旋转仪表所关联的数值对象。旋转仪表表达的是当前速度。这里最重要的是指针位置和表达式值的连接,最大逆时钟角度选择 140,对应的值为 0,最大顺时钟角度同样选择 140,对应的值为 140,这样设置的话,旋转仪表旋转一圈,正好为 140。如图 2.2.32 所示。

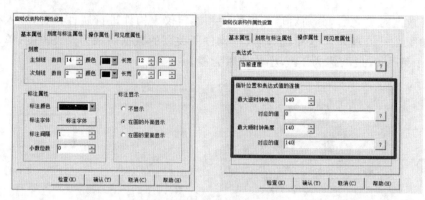

图 2.2.32 设置旋转仪表刻度与标注属性、操作属性

旋转仪表的指针能随着设定的速度值进行变化,这里面需要用到运行策略。

打开运行策略当中的"循环策略",用鼠标右键单击策略组态属性图标,建立两个策略行,如图 2.2.33 所示。

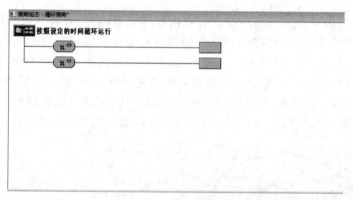

图 2.2.33 建立策略行

第一个策略行条件属性中,选择"当前速度<预设速度"。条件设置为"表达式的值非 0 时条件成立",如图 2.2.34 所示。

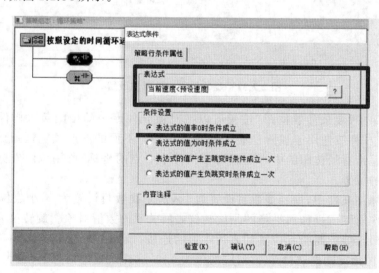

图 2.2.34 设置策略行条件属性

如果当前速度小于预设速度的话,那么旋转仪表的指针顺时针方向旋转,表示当前速度值是增加的。如果当前速度为 20 km/h,预设速度为 80 km/h,那么旋转仪表的指针应朝着80 km/h 的方向旋转。

接下来,将策略工具箱的数据对象拖放到第一个策略行的构件中,并设置基本操作属性为:对应数据对象的名称是当前速度,值操作为:当前速度+1,设置好之后,点击确认,这样设置完后,表达的意思是当前速度小于预设速度时,当前速度会自动加 1,如图 2.2.35 所示。

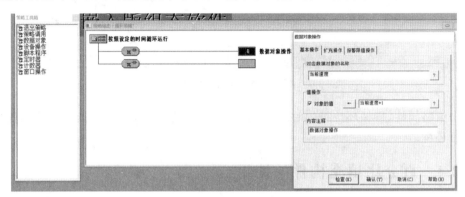

图 2.2.35 当前速度加 1

按同样的方法,设置第二个策略行,确立好第二个策略行条件属性,设置为"当前速度＞预设速度",条件设置选择"表达式的值非 0 时条件成立",如图 2.2.36 所示。此时旋转仪表的指针应该逆时针方向旋转。本项设置可以实现当前速度为 100 km/h,设定速度为20 km/h 时,旋转仪表的指针从 100 km/h 向 20 km/h 的方向逆时针旋转。

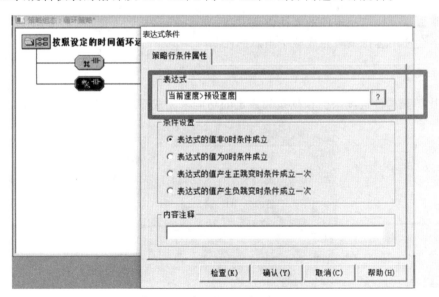

图 2.2.36 当前速度大于预设速度

将数据对象放置到第二个策略行的构件属性当中,并设置基本操作,对应数据对象的名称仍然是当前速度,值操作为当前速度-1,如图 2.2.37所示。

旋转仪表构件
操作视频

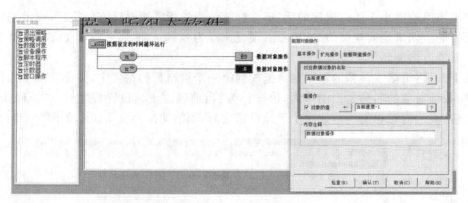

图 2.2.37　当前速度减 1

双击策略属性,将循环执行的时间设置为 50 ms。点击确认按钮,然后下载工程并进入模拟运行环境。

2.2.4　百分比填充构件的使用

百分比填充构件是以变化长度的条形图来可视化实时数据库当中的数据对象,同时在百分比填充构件中,可用数字的形式来显示当前填充的百分比。百分比填充构件类似于电脑系统当中的进度条,我们在实际使用当中可以使用百分比填充来表示某些工件的产量,比如可以很直观地显示当天的产量达到了预定产量的百分之多少。

【学习目标】

(1)掌握百分比填充构件的属性设置方法;
(2)学会使用运行策略完成整个组态的控制。

【任务描述】

百分比填充构件进度条会根据按钮设定的功能来完成显示,如图 2.2.38 所示。

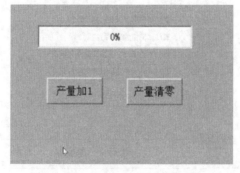

图 2.2.38　百分比填充构件的使用

【设计过程】

建立用户窗口。在左侧工具箱中选择百分比填充构件。在窗口合适的位置拖拽出一个百分比填充构件,并增加两个标准按钮,如图 2.2.39 所示。

百分比填充构件
动画演示

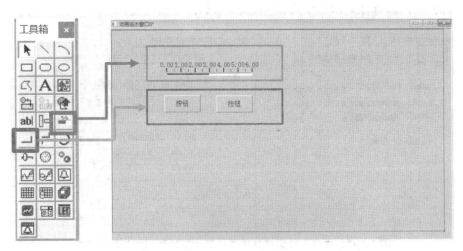

图 2.2.39　放置百分比填充构件

　　打开实时数据库。在实时数据库当中增加三个数据对象，一是"产量"，数值型；二是"产量加 1"，开关型；三是"产量清零"，也是开关型，如图 2.2.40 所示，那么这三个数据对象依次对应百分比填充构件和标准按钮。

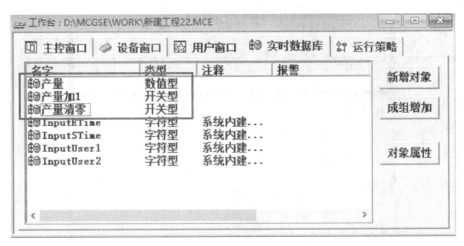

图 2.2.40　新建数据对象

　　小笔记

　　百分比填充构件的四个属性为 _____ 、_____ 、_____ 、_____ 。

　　双击百分比填充构件，打开属性对话框，百分比填充构件有四个属性。通过前面所学习的其他构建知识，知道基本属性一般表示的是这个构件的外观。这里面可以选择百分比填充的背景颜色、填充颜色和字符颜色，还有边界类型。刻度与标注属性中刻度指的是百分比填充的进度的分段，这里主划线数目设置为 10，次划线表示的是两个主划线之间分成几份，这里我们将次划线数目设置为 1，没有次划线标注，所以选择默认小数位数为"0"。因为只想显示产量的百分比,标注显示栏中选择"不显示",如图 2.2.41 所示。

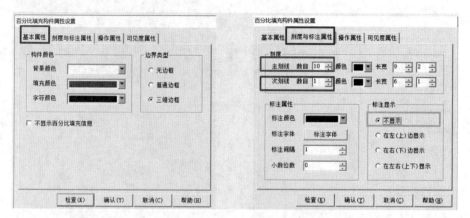

图 2.2.41　设置百分比填充构件的基本属性和刻度与标注属性

在操作属性当中,百分比填充构件所关联的是"产量"这个数据对象。0%对应的值是 0,100%对应的值是 10,产量达到 10 个,就说明工作完成了,如图 2.2.42 所示。

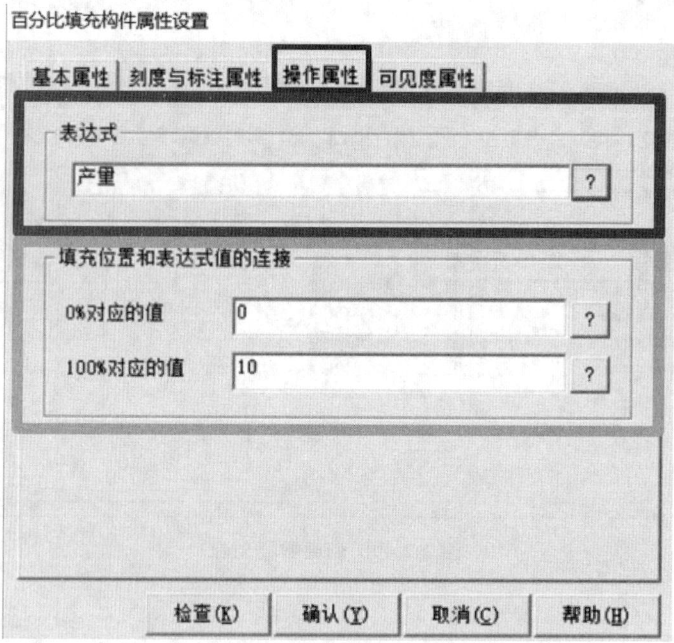

图 2.2.42　百分比填充构件的操作属性

接下来设置标准按钮,第一个标准按钮是实现产量加 1 的操作。数据对象值操作设置为"按 1 松 0",它关联的数据对象是"产量加 1",如图 2.2.43 所示。

第二个标准按钮是实现产量清零的操作。数据对象值操作设置为"按 1 松 0",关联的数据对象为"产量清零",如图 2.2.44 所示。

如果要实现按一下"产量加 1"按钮,让总产量百分比条形图随之显示增加 10%,再按一下按钮,再增加 10%;按一下"产量清零"按钮,那么总产量百分比条形图显示就会回到零,要完成这样的操作,就需要设置相应的运行策略。

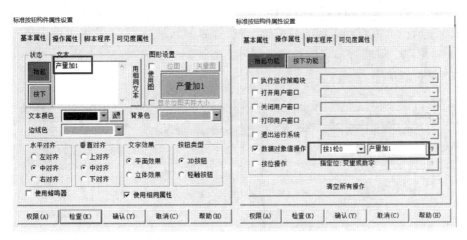

图 2.2.43　第一个标准按钮属性设置

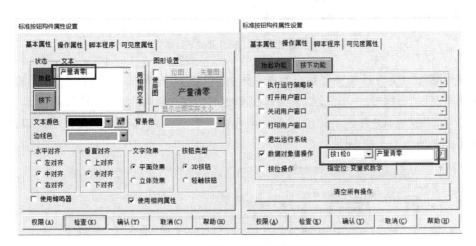

图 2.2.44　第二个标准按钮属性设置

在运行策略当中,选择循环策略,双击循环策略,如图 2.2.45 所示。

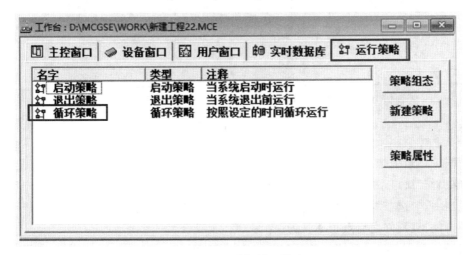

图 2.2.45　选择循环策略

在策略组态属性这个图标上，用鼠标点击右键，新增两个策略行，如图 2.2.46 所示。这两个策略行中第一个策略行实现的是按一下"产量加 1"按钮，让百分比条形图中显示产量对应增加 10％，第二个策略行实现的是产量清零。当按下"产量清零"这个按钮，百分比条形图中显示的产量可以清零。

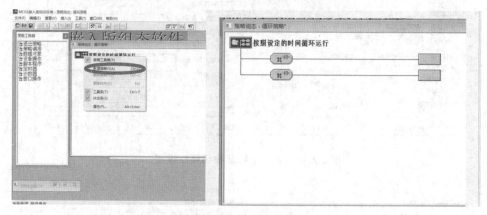

图 2.2.46　新增策略行

在进行第一个策略行条件属性设置时，表达式设置为"产量加 1"，条件设置为"表达式的值产生正跳变时条件成立一次"，那么为什么要这样设置呢？因为我们要执行的是"产量加 1"的操作，如果设置成"表达式的值非 0 时条件成立"，那么在执行一次操作的时候，产量可能会加几次。如图 2.2.47 所示。

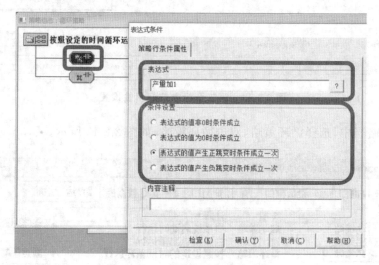

图 2.2.47　产量加 1 条件的设定

从策略工具箱中拖拽"数据对象"到第一个策略行的构建图标上，双击该构建图标打开"数据对象操作"窗口，在"基本操作"属性栏当中，"对应数据对象的名称"关联为"产量"。在"值操作"当中，勾选"对象的值"，并关联"产量＋1"的表达式。这样的操作，类似于计算机语言当中的自加，设置好之后点击确认键，如图 2.2.48 所示。

以同样的方式进行产量清零策略行的设定，如图 2.2.49 所示。

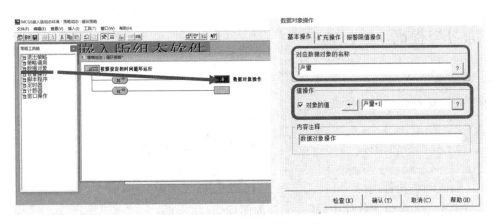

图 2.2.48 "产量加 1"策略行的设定

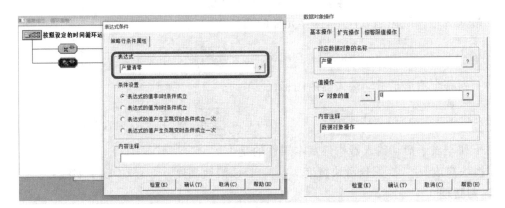

图 2.2.49 "产量清零"策略行的设定

双击"策略属性设置",将策略执行方式的循环时间设置为 100 ms,如图 2.2.50 所示,这样表示每 100 ms 会执行一次策略,设置全部完成后,点击确认键。然后下载工程并进入模拟运行环境。

百分比填充构件
操作视频

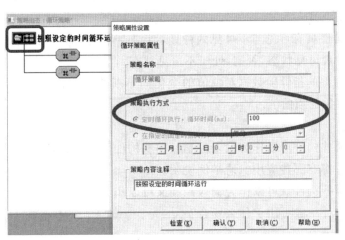

图 2.2.50 设置循环时间

练习与提高

一、单选题

1. 下列图标对应的名称正确的是(　　　)。

A. ⌐ 标准按钮图标　　　　　B. ◯ 开关构件图标

C. A 流动块构件图标　　　　D. ◡ 输入框构件图标

2. MCGS 嵌入版组态软件中,插入元件的图标为(　　　)。

A. ◡　　　　B. ▦　　　　C. ▦　　　　D. ▦

3. MCGS 嵌入版组态软件中,保存元件的图标为(　　　)。

A. ▦　　　　B. ◯　　　　C. ▦　　　　D. ▦

4. 下列哪个图形是滑动输入器的图标(　　　)

A. ⚷　　　　B. ▦　　　　C. ▦　　　　D. ◯

5. 下列不属于滑动输入器构件基本属性的是(　　　)。

A.滑块高度　　　B.滑块宽度　　　C.滑轨高度　　　D.主划线

二、判断题

1. MCGS 嵌入版组态软件中,标准按钮构件中基本属性的文本是用来设定标准按钮构件上显示的文本内容。　　　　　　　　　　　　　　　　　　　　　(　　)

2. MCGS 嵌入版组态软件中,在标准按钮构件的基本属性中可设置文本颜色、背景色等。
　　　　　　　　　　　　　　　　　　　　　　　　　　　　　　　　(　　)

3. MCGS 嵌入版系统固有的三个策略块(启动策略块、循环策略块、退出策略块)不能被标准按钮构件调用。　　　　　　　　　　　　　　　　　　　　　　　(　　)

4. 标准按钮构件具有可见与不可见两种显示状态,当指定的可见度表达式满足条件时,标准按钮构件将呈现可见状态,否则,处于不可见状态。　　　　　　　　　(　　)

5. 旋转仪表构件的指针随数据对象值的变化而不断改变位置,指针所指向的刻度值即为所连接的数据对象的当前值。　　　　　　　　　　　　　　　　　　　(　　)

三、讨论题

1. 请说一下哪些构件可以作为输入控制?哪些构件可以作为输出控制?

2. 输入框构件都有哪些应用?请举例说明。

3. 请说一下哪些构件既可以作为输入控制又可以作为输出控制?

4. 标准按钮构件一般可用于什么场合?

项目 3
背后的英雄——脚本程序设计

　　脚本程序是组态软件中的一种内置编程语言引擎。当某些控制和计算任务通过常规组态方法难以实现时，通过使用脚本语言，能够增强整个系统的灵活性，解决其常规组态方法难以解决的问题。

　　每个行业都有每个行业的平凡，在平凡中的不平凡，他们都是我们背后的英雄。每个时代都会有不同的英雄，哪里有困难就会首当其冲，为国家为人民效力。希望同学们以后都能在平凡的岗位上甘于奉献，用事不避难、义不逃责的决心和以身许国、无私奉献的行动，支撑我们向着一个又一个目标勇毅前行。脚本程序就是组态技术背后的英雄。

【知识目标】

(1) 掌握 MCGS 组态软件语言要素；

(2) 掌握组态软件脚本程序数据运算符；

(3) 掌握选择语句的使用方法；

(4) 掌握系统函数的调用方法。

【能力目标】

(1) 能够利用脚本程序完成交通灯组态仿真设计；

(2) 能够利用脚本程序完成四路抢答器组态仿真设计；

(3) 能够利用脚本程序完成抽奖系统组态仿真设计。

◀ 3.1 组态系统的灵魂——脚本程序 ▶

3.1.1 脚本程序编辑环境和语言要素

【**学习目标**】

(1) 了解脚本应用的场景；

(2) 熟悉脚本程序编辑环境；

(3) 掌握脚本程序语言要素。

【**任务描述**】

脚本程序
动画演示

在 MCGS 嵌入版组态软件中，脚本程序是一种语法上类似 Basic 的编程语言。在运行策略中，把整个脚本程序作为一个策略功能块执行，如图 3.1.1 所示。

图 3.1.1 在策略中执行脚本程序

【**设计过程**】

在标准按钮构件中，当按下标准按钮时执行脚本程序，如图 3.1.2 所示。

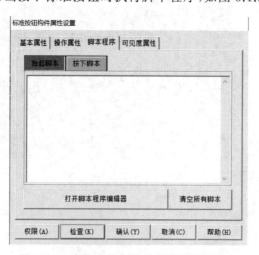

图 3.1.2 在标准按钮构件中执行脚本程序

在动画界面中也可执行脚本程序，如图 3.1.3 所示。

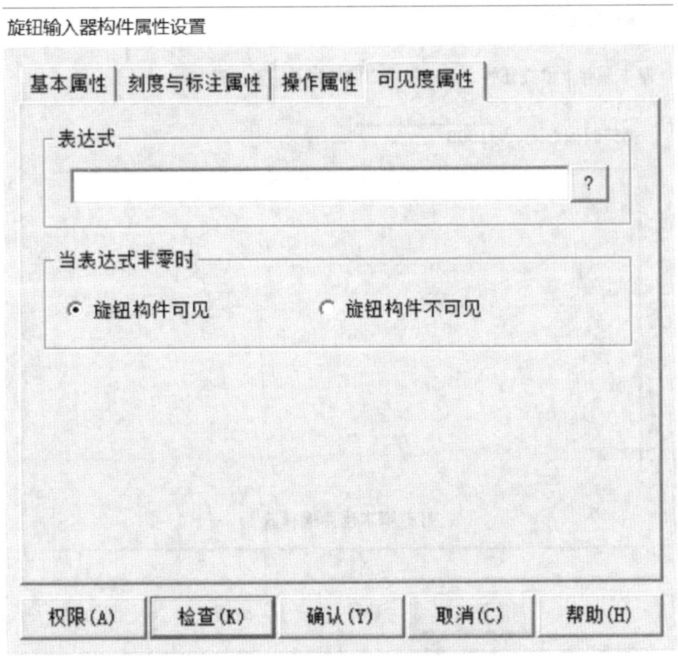

旋钮输入器构件属性设置
基本属性
刻度与标注属性
操作属性
可见度属性
表达式
?
当表达式非零时
旋钮构件可见
旋钮构件不可见
权限(A)
检查(K)
确认(Y)
取消(C)
帮助(H)

图 3.1.3 在动画界面中执行脚本程序

MCGS 嵌入版引入的事件驱动机制，比如有鼠标单击事件、键盘按键事件等。这些事件发生时，就会触发一个脚本程序，执行脚本程序中的操作，如图 3.1.4 所示。

事件参数连接组态
连接项
连接变量
确认
取消
事件连接脚本

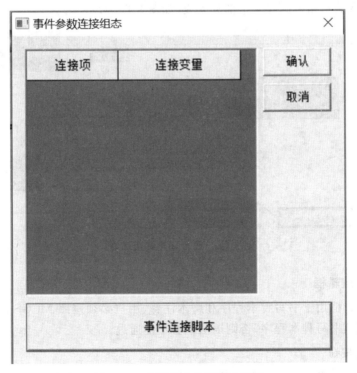

图 3.1.4 在事件中执行脚本程序

在用户窗口属性设置中,有启动脚本、循环脚本、退出脚本等标签,如图 3.1.5 所示。

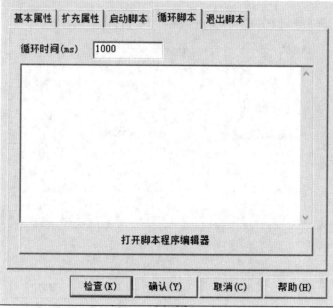

图 3.1.5　在用户窗口属性中执行脚本程序

脚本程序编辑环境即脚本程序编辑器。脚本程序编辑环境是用户书写脚本语句的地方。脚本程序编辑环境主要由脚本程序编辑框、编辑功能按钮、MCGS 嵌入版操作对象列表和函数列表、脚本语句和表达式 4 个部分构成,如图 3.1.6 所示。

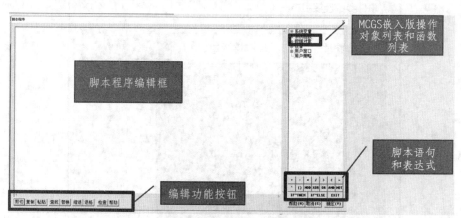

图 3.1.6　脚本程序编辑环境

1. 脚本程序编辑框

脚本程序编辑框用于书写脚本程序和脚本注释,用户必须遵照 MCGS 嵌入版规定的语法结构和书写规范书写脚本程序,否则语法检查不能通过。

2. 编辑功能按钮

编辑功能按钮提供了文本编辑的基本操作,用户使用这些按钮可以方便操作和提高编辑速度。比如,在脚本程序编辑框中选定一个函数,然后按下帮助按钮,MCGS 嵌入版将自动打开关于这个函数的在线帮助,或者,如果函数拼写错误,MCGS 嵌入版将列出与所提供名字最接近的函数的在线帮助。

3. 脚本语句和表达式

脚本语句和表达式列出了 MCGS 嵌入版使用的三种语句的书写形式和 MCGS 嵌入版允许的表达式类型。用鼠标单击要选用的语句和表达式符号按钮,在脚本编辑处光标所在的位置填上语句或表达式的标准格式。比如,用鼠标单击 if~then 按钮,则 MCGS 嵌入版自动提供一个 if … then …结构,并把输入光标停到合适的位置上。

4. MCGS 嵌入版操作对象列表和函数列表

MCGS 嵌入版操作对象列表和函数列表以树结构的形式,列出了工程中所有的窗口、策略、设备、变量、系统支持的各种方法、属性以及各种函数,以供用户快速地查找和使用。

比如,可以在用户窗口树中,选定一个窗口:"窗口 0",打开窗口 0 下的"方法",双击 Open 函数,则 MCGS 嵌入版自动在脚本程序编辑框中,添加一行语句:用户窗口.窗口 0. Open(),通过这行语句,就可以完成窗口打开的工作。

在 MCGS 嵌入版中,数据类型主要包括开关型、数值型、字符型三种。开关型是表示开或者关的数据类型,通常 0 表示关,非 0 表示开;数值型的值在一定的范围内;字符型是最多 512 个字符组成的字符串。

在 MCGS 脚本程序中,用户不能定义子程序和子函数,其中数据对象可以看作是脚本程序中的全局变量,在所有的程序段共用。可以用数据对象的名称来读写数据对象的值,也可以对数据对象的属性进行操作。开关型、数值型、字符型三种数据对象分别对应于脚本程序中的三种数据类型。在脚本程序中不能对组对象和事件型数据对象进行读写操作,但可以对组对象进行存盘处理。常量包括开关型常量、数值型常量、字符型常量。开关型常量是指 0 或非 0 的整数,通常 0 表示关,非 0 表示开。数值型常量是指带小数点或不带小数点的数值,如:12.45,100。字符型常量为双引号内的字符串,如:"很好""正常"。

系统变量是指 MCGS 嵌入版系统定义的内部数据对象作为系统内部变量,在脚本程序中可自由使用,在使用系统变量时,变量的前面必须加上"＄"符号,如 ＄ Date。由数据对象、括号和各种运算符组成的运算式称为表达式,表达式的计算结果称为表达式的值。当表达式中包含有逻辑运算符或比较运算符时,表达式的值只可能为 0 或非 0,这类表达式称为逻辑表达式;当表达式中只包含算术运算符,表达式的运算结果为具体的数值时,这类表达式称为算术表达式;常量或数据对象是狭义的表达式,这些单个量的值即为表达式的值。表达式值的类型即为表达式的类型,必须是开关型、数值型、字符型三种类型中的一种。

表达式是构成脚本程序的最基本元素,在 MCGS 嵌入版的组态过程中,也常常需要通过表达式来建立实时数据库对象与其他对象的连接关系,正确输入和构造表达式是 MCGS 嵌入版的一项重要工作。

例:$x = a + b$

该表达式表示将数值型变量 a 的值加上 b 的值赋值给 x。

MCGS 组态软件脚本程序主要提供算术运算符、逻辑运算符和比较运算符三种,具体表现形式如表 3.1.1 所示。

表 3.1.1　MCGS 组态软件脚本程序运算符表

算术运算符		逻辑运算符		比较运算符	
∧	乘方	AND	逻辑与	＞	大于
*	乘法	NOT	逻辑非	＞＝	大于等于
/	除法	OR	逻辑或	＝	等于
\	整除	XOR	逻辑异或	＜	小于
+	加法			＜＝	小于等于
－	减法			＜＞	不等于
Mod	取模运算				

注意：字符串比较需要使用字符串函数！StrCmp，不能直接使用数值运算符。

各运算符按照优先级从高到低的排列顺序如下：

( )→∧→*,/,\,Mod→+,-→<,>,<=,>=,=,<>→NOT→AND,OR,XOR

括号的优先级最高,其次是乘方运算符,再次是乘除运算符,然后是加减运算符,接下来是比较运算符,逻辑运算符的优先级最低。

3.1.2　数字间的那些事——数据的运算与处理

【学习目标】

(1) 学习数据运算符的使用方法；

(2) 熟悉按钮、标签、输入框构件的使用方法；

(3) 掌握脚本程序的设计方法。

【任务描述】

利用 MCGS 组态软件设计一个简易计算器,可以完成加减乘除的功能,主要可以完成两个数的加减、乘除运算,并通过屏幕显示出运算的结果。

【设计过程】

MCGS 嵌入版组态软件当中有很强大的脚本程序,这些程序可以进行数据对象的运算,主要包括算术运算加减、乘除,以及逻辑运算与或非,还有比较运算大于、大于等于、等于、小于等于、小于、不等于。

图 3.1.7　简易计算器组态界面设计图

首先在用户窗口当中利用输入框构件在屏幕上合适的位置放置两个输入框,这两个输入框用于输入数字。然后在屏幕上放置五个按钮,其中四个按钮代表的是加减乘除四个运算符号,第五个按钮代表的是等于号。然后利用标签构件画出一个标签的图形,这个标签用于显示计算结果。设计界面可以参考图 3.1.7。

简易计算器
动画演示

　　根据计算器的程序分析,需要在实时数据库中建立七个变量,包括加、减、乘、除四个变量,类型是开关型;三个数值型的变量,分别是 A、B 表示两个操作数,S 用于存放 A、B 两个变量计算之后的结果,如图 3.1.8 所示。

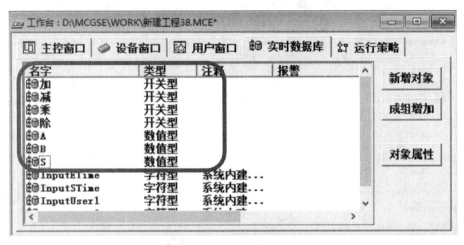

图 3.1.8　简易计算器变量

　　接下来对各构件进行参数设置。双击输入框构件打开其属性设置对话框,两个输入框在其操作属性对话框当中,一个与数据对象 A 相关联,另一个与数据对象 B 相关联。这样通过输入框输入的两个数据,就会存储在 A 和 B 两个数据对象当中,如图 3.1.9 所示。

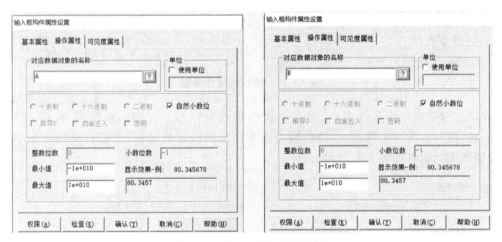

图 3.1.9　输入框构件属性设置

　　双击标签构件进行属性设置。标签构件主要显示的是两个数字计算之后的结果。在属性设置当中,勾选输入输出连接下的“显示输出”。在显示输出属性栏当中 S 与数据对象相关联,输出格式为浮点输出、自然小数位,点击确认按钮,如图 3.1.10 所示。

　　对标准按钮构件进行相应的设置,在第一个标准按钮构件的基本属性当中,将文本属性设置为“＋”。在脚本程序当中,输入以下代码:加＝1,减＝0,乘＝0,除＝0。这代表当按下该标准按钮的时候,数据对象加为 1,其他为 0。设置完成的属性如图 3.1.11 所示。

　　以同样的方式设置另外三个“减、乘、除”标准按钮。

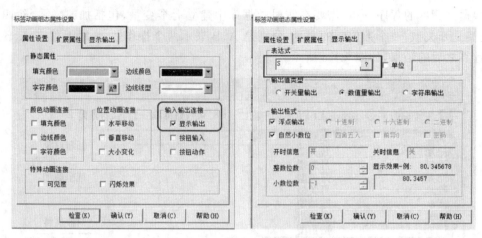

图 3.1.10 标签构件属性设置

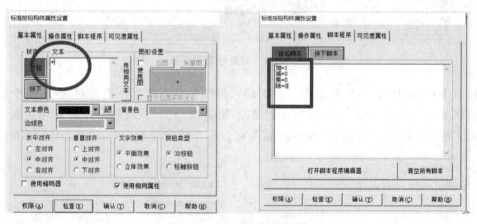

图 3.1.11 加按钮属性设置

在第二个按钮基本属性当中,将文本属性设置为"-"。在脚本程序当中,输入下列程序:加=0,减=1,乘=0,除=0。这代表当按下该标准按钮的时候,数据对象减为1,其他为0。设置完成的属性如图 3.1.12 所示。

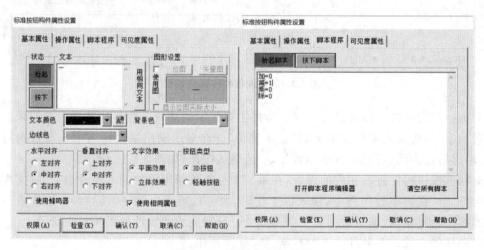

图 3.1.12 减按钮属性设置

在第三个按钮基本属性当中,将文本属性设置为"＊"。在脚本程序当中,输入下列程序:加＝0,减＝0,乘＝1,除＝0。这代表当按下该标准按钮的时候,数据对象乘为1,其他为0。设置完成的属性如图 3.1.13 所示。

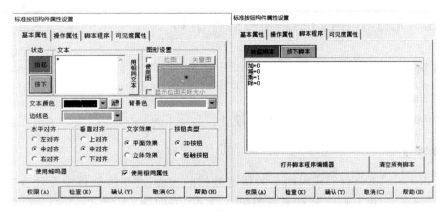

图 3.1.13　乘按钮属性设置

在第四个按钮基本属性当中,将文本属性设置为"／"。在脚本程序当中,输入下列程序:加＝0,减＝0,乘＝0,除＝1。这代表当按下该标准按钮的时候,数据对象除为1,其他为0。设置完成的属性如图 3.1.14 所示。

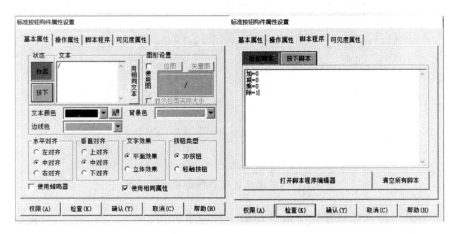

图 3.1.14　除按钮属性设置

最后设置等于这个标准按钮,在基本属性中,将文本属性设置为"＝",在脚本程序当中打开脚本编辑器,输入以下脚本程序代码。

```
If  加=1 Then
S=A+B
If  减=1 Then
S=A-B
If  乘=1 Then
S=A*B
If  除=1 Then
S=A/B
End If
```

写完脚本程序之后,点击检查,对语法进行检查,如果没有错误,会提示正确。

将设计好的组态工程下载并进入模拟运行环境,输入数据进行验证。

设计简易计算器
操作视频

3.1.3 无处不在的抉择——条件语句

【学习目标】

(1) 了解条件判断语句的执行方式;
(2) 能够使用 If 语句完成脚本程序的设计。

【任务描述】

利用 MCGS 组态软件完成对两个数值型数据的比较,在组态软件中设计 3 个指示灯,两个输入框获取 A 和 B 两个数据对象的值。当 A<B 时,灯 1 亮,当 A=B 时,灯 2 亮,当 A>B时,灯 3 亮。其参考设计图如图 3.1.15 所示。

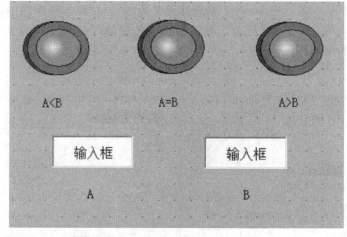

图 3.1.15 数值比较组态界面参考设计图

条件判断语句是组态软件当中最常用的一种脚本语句。

在本任务中,要比较两个数值的大小,根据两个数值的比较结果点亮对应的指示灯。首先要了解条件判断语句的执行方式,能够使用 If 语句完成脚本程序的设计。

MCGS 组态软件脚本程序中条件语句有如下三种形式:

(1) If 表达式 Then 赋值语句或退出语句
(2) If 表达式 Then
　　　　语句
　　EndIf
(3) If 表达式 Then
　　　　语句
　　　　Else
　　　　语句

数值比较
动画演示

End If

条件语句中的四个关键字"If""Then""Else""EndIf"不分大小写。如拼写不正确,检查程序会提示出错信息。

条件语句允许多级嵌套,即条件语句中可以包含新的条件语句,MCGS 脚本程序的条件语句最多可以有 8 级嵌套,为编制多分支流程的控制程序提供方便。

"If"语句的表达式一般为逻辑表达式,也可以是值为数值型的表达式,当表达式的值为非 0 时,条件成立,执行"Then"后的语句,否则,条件不成立,将不执行该条件块中包含的语句,开始执行该条件块后面的语句。

【设计过程】

打开组态软件,按照屏幕的图片建立三个指示灯。利用输入框构件建立两个输入框,利用标签构件作为指示灯的信息标记。

设计完成之后在实时数据库中新建五个数据对象,如图 3.1.16 所示。

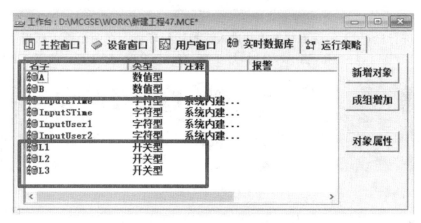

图 3.1.16　数据对象表

其中 L1、L2、L3 为开关型数据对象,主要关联三个指示灯,A、B 为数值型数据对象,主要关联两个输入框构件。数据对象建立完成后,依次将三个指示灯和两个输入框与建立的数据对象相关联。

回到用户窗口,点击窗口 0 的窗口属性。在循环脚本当中编写脚本程序。脚本程序循环时间设置为 100 ms,表示每隔 100 ms MCGS 组态软件就会执行一次脚本程序,如图 3.1.17 所示。

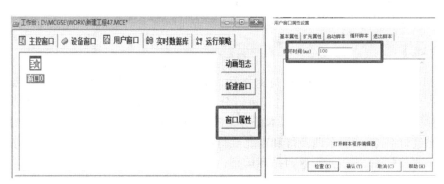

图 3.1.17　脚本程序编制界面

打开脚本编辑器,输入下列代码:

```
If A<B Then
L1=1
L2=0
L3=0
EndIf
If A=B Then
L1=0
L2=1
L3=0
EndIf
If A>B Then
L1=0
L2=0
L3=1
EndIf
```

对脚本进行检查,无误后下载工程并进入模拟运行环境。在两个输入框当中,输入相应的数字,当 A=B 时,灯 2 亮,当 A<B 时,灯 1 亮,当 A>B 时,灯 3 亮。如图 3.1.18 所示。

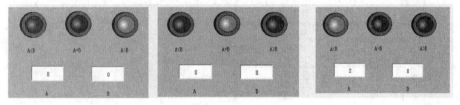

图 3.1.18   运行结果

条件判断 If 语句是组态软件脚本程序中非常重要的一种编程语句,可以用它来完成较为复杂的程序流程及逻辑控制。

3.1.4   交通灯程序设计实战

数值比较
操作视频

【学习目标】

(1)学习数据运算符的使用方法;
(2)熟悉按钮、标签、输入框构件的使用方法;
(3)掌握脚本程序设计方法。

【任务描述】

利用 MCGS 组态软件完成交通灯组态仿真设计。交通灯是一种典型的按照时间顺序运行的设备。通过对交通灯的运行过程进行分析可知,交通灯分为东西灯和南北灯,每个方向各有三种颜色(绿、黄、红)指示灯,本任务对交通灯的控制要求如下:当开关闭合时,东西绿灯和南北红灯亮 5 s 后,东西黄灯和南北红灯亮 2 s,随后,东西红灯和南北绿灯亮 5 s,东西红灯和南北黄灯亮 2 s 之后,返回循环运行。

【设计过程】

要完成交通灯的组态仿真设计,首先要找出交通灯运行过程中 5 个关键的时间点,0 s、5 s、7 s、12 s、14 s。利用运行策略建立这 5 个时间点,用 If 语句来判断相应的时间点,去点亮相应的灯即可。图 3.1.19 所示为交通灯运行时序图。

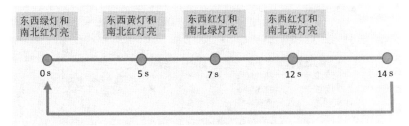

图 3.1.19　交通灯运行时序图

打开 MCGS 嵌入版组态软件,新建工程并打开用户窗口,在左侧工具箱当中,点击插入元件图标,选择指示灯对象元件库,添加 4 个交通灯,再放置开关构件。界面如图 3.1.20 所示。

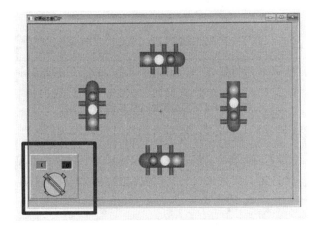

图 3.1.20　交通灯界面

在实时数据库当中建立"时间""开关""东西灯""南北灯"四个数据对象,如图 3.1.21 所示。

交通灯组态仿真
动画演示

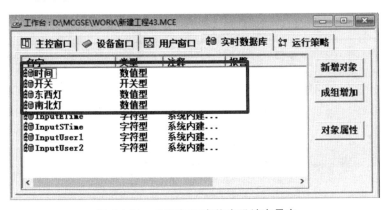

图 3.1.21　交通灯组态仿真设计变量表

注意东西灯和南北灯属于数值型数据对象,因为放置的这个交通灯的图形,属于数值型操作。当对应的变量等于 1 的时候,点亮红灯;等于 2 时,点亮黄灯;等于 3 时,点亮绿灯。建立好数据对象之后,要与对应的交通灯和开关进行关联。双击北侧交通灯进入单元属性设置,在数据对象选项中有三个可见度属性,分别对应的是南北灯=3、南北灯=2 和南北灯=1,如图 3.1.22 所示。

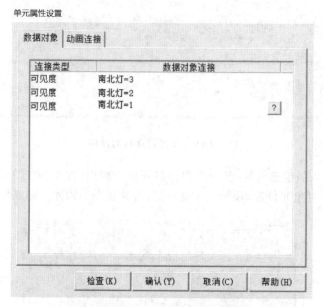

图 3.1.22 北侧交通灯属性设置

以同样的方法,将其他方向的交通灯依次进行设定。

再设置开关属性,在数据对象当中将按钮输入与开关相关联,可见度与开关相关联,如图 3.1.23 所示。

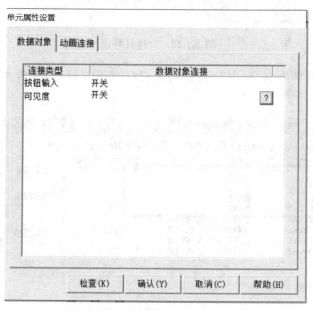

图 3.1.23 开关属性设置

进入运行策略完成对交通灯的时序逻辑控制。用鼠标右键单击运行策略属性增加策略行。在策略行条件属性下表达式关联"开关",条件设置选择"表达式的值非 0 时条件成立"。在构件属性当中添加数据对象,在基本属性下"对应数据对象的名称"选择"时间",值操作下勾选"对象的值"为"时间+1",如图 3.1.24 所示。

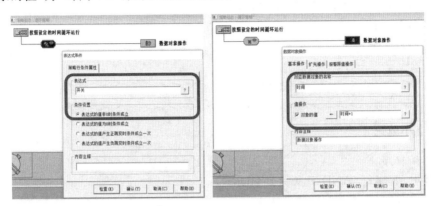

图 3.1.24 交通灯时间控制属性设置

双击策略属性设置图标,将策略执行方式选择为循环执行,时间为 1000 ms,也就是 1 s,那么每隔 1 s 的时间,这个名为"时间"的数据对象就会加 1,只要判断时间这个数据对象的值,就能够知道当前应该点亮哪个方向的灯。

如果想让交通灯能够按照时间顺序进行点亮,就要编写一段脚本程序。回到用户窗口,点击窗口属性。选择循环脚本的循环时间为 10 ms,打开脚本程序编辑器,输入以下程序:

```
If 开关=0 OR 时间=14 Then
时间=0
EndIf
```

 小笔记......

解释程序

```
If 时间=0   AND 开关=1 Then
东西灯=3
南北灯=1
EndIf
```

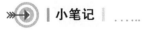 **小笔记**......

解释程序

```
If 时间=5   AND 开关=1 Then
东西灯=2
南北灯=1
EndIf
```

➤ | 小笔记 | ......

解释程序＿＿＿＿＿＿＿＿＿＿＿＿＿＿＿＿＿＿＿＿＿＿

If 时间＝7　AND 开关＝1 Then

东西灯＝1

南北灯＝3

EndIf

➤ | 小笔记 | ......

解释程序＿＿＿＿＿＿＿＿＿＿＿＿＿＿＿＿＿＿＿＿＿＿

If 时间＝12　AND 开关＝1 Then

东西灯＝1

南北灯＝2

EndIf

➤ | 小笔记 | ......

解释程序＿＿＿＿＿＿＿＿＿＿＿＿＿＿＿＿＿＿＿＿＿＿

If 开关＝0 Then

东西灯＝0

南北灯＝0

EndIf

➤ | 小笔记 | ......

如图 3.1.25 所示的交通灯脚本控制程序，试解释程序＿＿＿＿＿＿＿＿＿＿＿＿＿

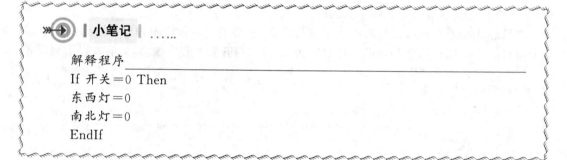

图 3.1.25　交通灯脚本控制程序

编写完相应的脚本程序,点击检查,如果没有错误,可以直接点击确认。完成全部工作之后,点击下载程序便进入模拟运行环境。打开开关,交通灯可以按照预定的时间规则和动作规则来运行。

交通灯组态仿真
操作视频

通过本节的学习,要知道对应的组态动画应该以什么样的条件完成,像本例当中交通灯的控制是由数值来实现的,而不是像以前对于指示灯的控制都是使用的开关量。所以在进行组态设计时要对这个动画的执行过程有一定的了解。我们还要会使用脚本程序完成对组态流程的控制,能够使用运行策略实现对时间的控制。

3.1.5　四路抢答器的设计

【学习目标】

(1) 掌握 MCGS 嵌入版组态软件中脚本程序的设计方法;
(2) 掌握 MCGS 嵌入版组态软件中位图构件的使用方法。

【任务描述】

利用 MCGS 组态软件完成四路抢答器组态仿真设计。主持人按下开始抢答按钮,四位选手才可以抢答,当其中一个选手抢答成功之后,其他选手不能抢答。

【设计过程】

在本任务中,用四个指示灯构件作为选手抢答指示灯;利用标签构件显示抢答信息;利用位图构件作为四路选手的抢答按钮。

首先插入五个指示灯构件。其中四个作为选手抢答指示灯,另外一个作为主持人控制开始指示灯。用标签构件在屏幕上拖拽出一个大小合适的矩形显示框。用标准按钮构件建立名为"主持人"的标准按钮,如图 3.1.26 所示。

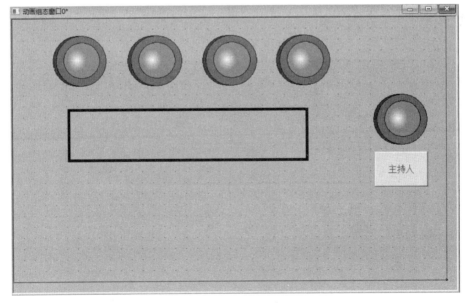

图 3.1.26　四路抢答器组态界面

利用工具箱当中的位图构件,在组态窗口中合适的位置拖拽出 4 个相应大小的位图框。位图构件可以使组态界面更加的逼真,如图 3.1.27 所示。

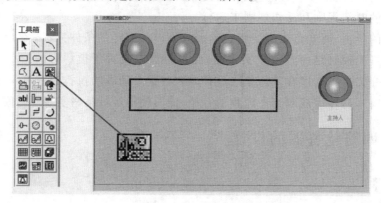

图 3.1.27　四路抢答器组态界面放置位图构件

添加完毕之后,在位图构件上点击鼠标右键,选择装载位图,查找文件夹选择我们想装载的图片,依次添加"小猴子""小老鼠""小蜜蜂""小青蛙"四个图片,如图 3.1.28 所示。

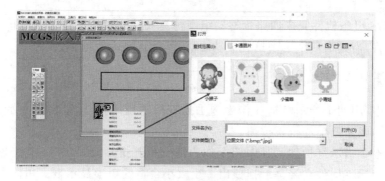

图 3.1.28　选择图片

这样,由四个小动物组成的抢答小组组态界面就创建完成了。完成后的界面如图 3.1.29 所示。

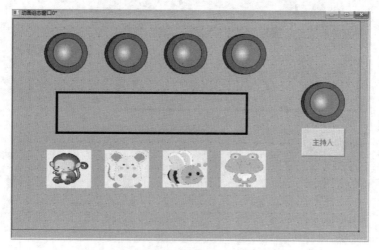

图 3.1.29　四路抢答器组态仿真设计界面

回到实时数据库,建立名为"选手1"~"选手4"的四个开关型的数据对象作为四个选手的抢答按钮;建立名为"主持人"的开关型的数据对象作为主持人的开始按钮;建立名为"显示输出"的字符型的数据对象用于标签控件显示抢答信息;建立名为"选手号码"的数值型的数据对象用于选手指示灯指示,并且使标签构件的边框的颜色发生变化。如图 3.1.30 所示。

四路抢答器组态
仿真动画演示

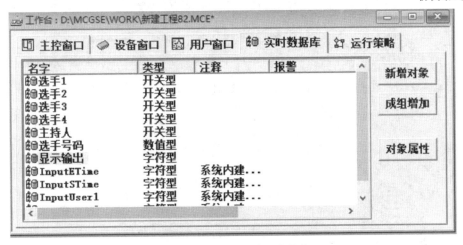

图 3.1.30　四路抢答器变量表

回到用户窗口,将四个选手指示灯依次与选手号码数据对象表达式相关联,若选手号码＝1,点亮第一个指示灯。用同样的方法将其他 3 个指示灯关联好。将主持人指示灯与主持人数据对象相关联。如图 3.1.31 所示。

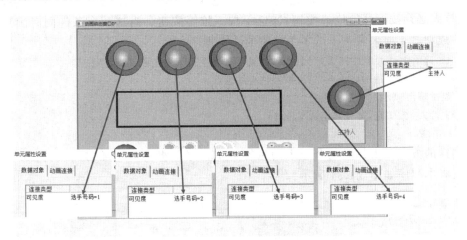

图 3.1.31　指示灯属性设置

双击标签构件,在标签构件属性设置中,勾选"边线颜色"和"显示输出"复选框。在输出值类型中选择"字符串输出",并与显示输出数据对象相关联。在边线颜色选项页中,增加 5 种颜色,并与选手号码数据对象相关联。如图 3.1.32 所示。

双击小动物位图构件,在"按钮动作"页面勾选"数据对象值操作",并将位图与选手1~选手4数据对象相关联。如图 3.1.33 所示。

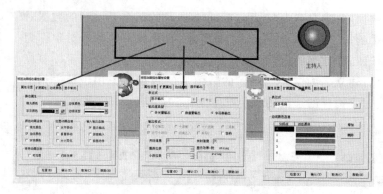

图 3.1.32　标签构件属性设置

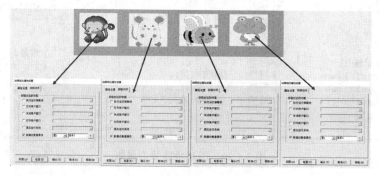

图 3.1.33　位图构件属性设置

当所有的构件都建立并关联完毕之后,要想实现抢答功能,还需要编写脚本程序。本任务的脚本程序可以使用 IF 语句来完成,某一个选手,如果想抢答成功,他需要具备两个条件:①主持人必须按下开始抢答按钮;②选手按下抢答按钮。当这两个条件同时满足时,该选手抢答成功。下面来看一下选手 1 抢答的脚本程序:

> IF 选手 1=1 AND 主持人=1 THEN(当选手 1 和主持人两个条件满足时)
>
> 选手号码=1(指示灯 1 点亮,边框颜色为红色)
>
> 显示输出="小猴子抢答成功"(文字显示输出)
>
> 主持人=0(锁定,避免其他选手抢答)
>
> ENDIF

以同样的方式写出其他三个选手的抢答脚本程序并将窗口循环时间改为 100 ms。四路抢答器脚本程序如图 3.1.34 所示。

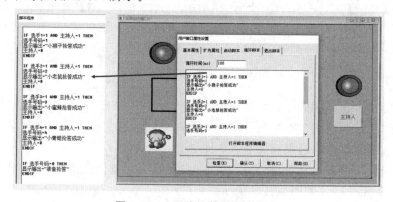

图 3.1.34　四路抢答器脚本程序

双击"主持人"标准按钮,在脚本程序中将四个选手的抢答信息清 0,并将主持人置 1,另外将选手号码清 0。如图 3.1.35 所示。

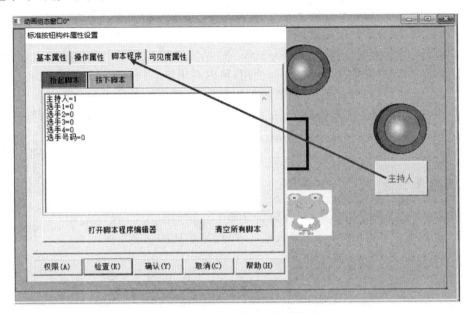

图 3.1.35   主持人按钮脚本程序

设置完毕之后,点击工程下载并进入模拟运行环境。可以看到,在主持人没有按下启动抢答按钮的时候,按动小动物的图标是不能抢答的,当主持人按下开始抢答按钮时,按下小猴子图标,那么小猴子所对应的指示灯点亮,并且输出文字信息小猴子抢答成功,这时其他的动物是不能进行抢答的,如果要开启新一轮的抢答,必须再按下主持人开始按钮才可以。

四路抢答器组态
仿真操作视频

◀ 3.2 系统函数的应用 ▶

脚本程序给用户组态系统带来了更加灵活多样的系统控制方式,对于一些比较复杂的控制要求,脚本程序还为我们提供了大量的系统函数。这些系统函数,具有相应的功能,用户只需拿来直接调用就可以了。

3.2.1 系统函数

【学习目标】

(1) 掌握 MCGS 嵌入版组态软件脚本程序的设计方法;
(2) 掌握 MCGS 嵌入版组态软件系统函数的使用方法;
(3) 会使用组态软件的帮助文件。

【任务描述】

利用 MCGS 组态软件设计可变速流水灯。通过输入框输入数值调变 8 个小灯流水点亮的速度,输入数值越小,八个小灯循环点亮的速度越快,输入数值越大,八个小灯循环点亮的速度越慢。

在脚本编辑器中,组态软件脚本程序提供了运行环境操作函数、数据对象操作函数、用户登录操作函数、字符串操作函数、定时器操作函数等一系列的系统函数。比如要使用改变循环策略的循环时间函数!ChangeLoopStgy( ),系统函数都是以叹号开始的,括号里为系统函数的参数,如果不清楚这个函数如何使用,可以利用组态软件的帮助文件来查看函数的使用方法。在帮助文件的"索引"中搜索函数的名称,在搜索结果中双击函数名称,就可以打开函数的详细使用说明。可以看到!ChangeLoopStgy( )这个函数有两个参数,第一个是循环策略名,第二个是循环时间,单位是ms,通过这个参数,就可以设定循环策略的循环时间。

流水灯组态仿真
动画演示

【设计过程】

新建组态工程并打个用户窗口,在窗口界面上放置如图 3.2.1 所示的相应的图形,包含有 8 个指示灯,一个输入框,一个用来确认的标准按钮。

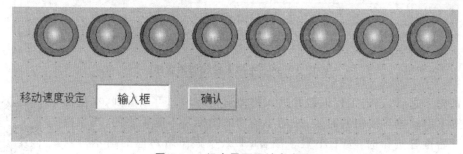

图 3.2.1　组态界面设计参考图

组态界面设计完成之后进入实时数据库,创建两个数值型的数据对象,分别命名为"速度"和"指示灯",如图 3.2.2 所示。

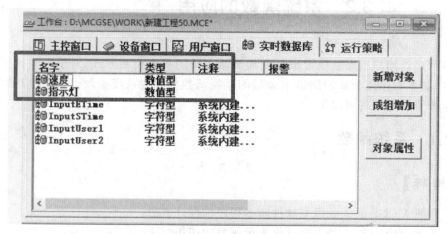

图 3.2.2　可变速流水灯变量

双击第一个指示灯打开其单元属性设置对话框,将数据对象当中的可见度设置为指示灯=1。将第二个指示灯设置为指示灯=2,如图 3.2.3 所示,以此类推将其他六个指示灯分别设置完毕,这样设置好之后,当指示灯这个数值型的数据对象为 1 的时候,第一个灯点亮,为 2 的时候,第二个灯点亮,为 3 的时候,第 3 个灯点亮,以此类推。

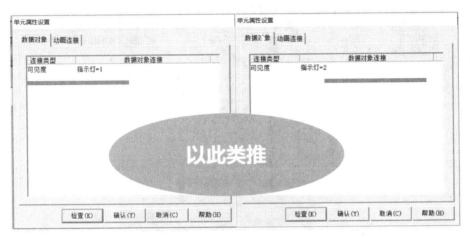

图 3.2.3 指示灯单元属性设置

设置输入框构件的属性:将输入框与"速度"这个数据对象相关联,因为最小单位是毫秒,没有小数点,故小数位数为 0,如图 3.2.4 所示。

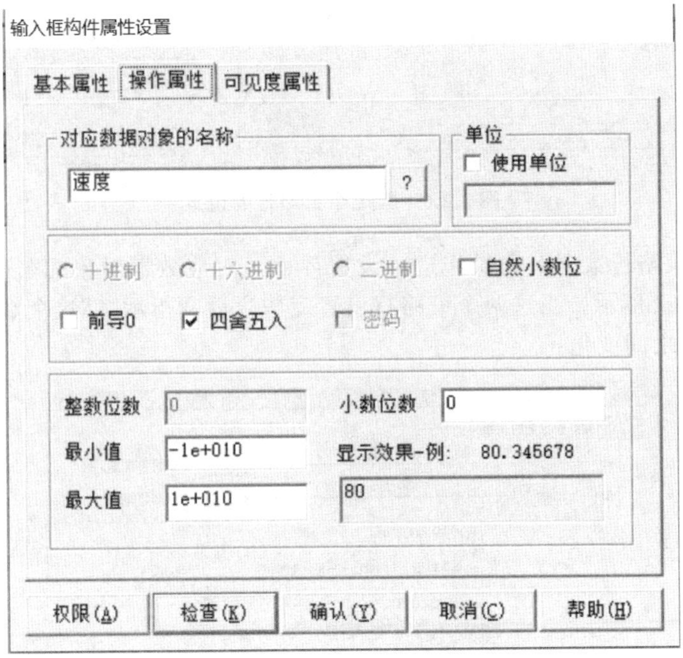

图 3.2.4 输入框构件属性设置

进入循环运行策略。在循环策略属性设置图标上点击鼠标右键新建两个策略行,两个策略行的构件均是数据对象操作,如图 3.2.5 所示。

点击第一个策略行数据对象操作进入设置界面。

对应数据对象的名称为"指示灯",值操作为"指示灯+1"。这样设置是目的是让指示灯的数值会按照循环时间的间隔自动加 1。第二个策略行的执行条件为:指示灯=9。如图 3.2.6 所示。

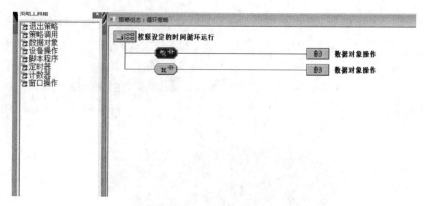

图 3.2.5　循环策略构建

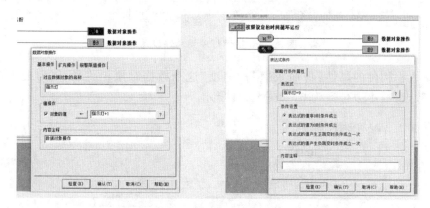

图 3.2.6　第一个策略行的设置

点击第二个策略行数据对象操作进入设置界面。对应数据对象的名称为"速度"，值操作为"1"，如图 3.2.7 所示。当这两个策略行设置完毕之后，"指示灯"这个数据对象就会按照时间间隔在 1~8 之间变化。

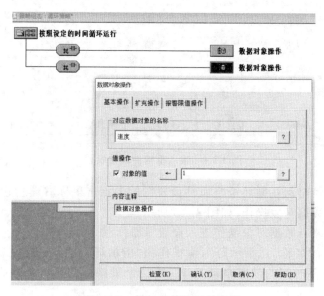

图 3.2.7　第二个策略行的设置

运行的时间间隔就是循环策略的循环时间。双击循环策略属性设置,将循环时间改为500 ms,如图 3.2.8 所示。系统在初始化运行的时候,默认循环时间为 500 ms,即每隔500 ms,会点亮相应的指示灯。

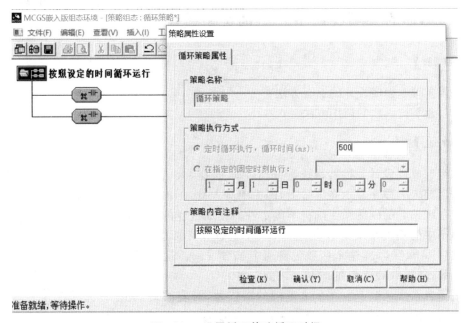

图 3.2.8 设置循环策略循环时间

回到用户窗口,双击"确认"标准按钮进行脚本程序的编写。在脚本程序中调用改变循环策略的循环时间系统函数,如图 3.2.9 所示。当按下"确认"标准按钮的时候,可以将循环策略的循环时间改为输入框当中输入的时间。

图 3.2.9 调用系统函数

下载工程并进入模拟运行环境，在初始状态，指示灯以 500 ms 的时间间隔循环点亮。当在输入框输入数值 100 后，点击"确认"按钮，则指示灯以 100 ms 的时间间隔循环点亮。

流水灯组态仿真
操作视频

3.2.2　你的奖项我做主——抽奖系统设计

【学习目标】

(1) 学会脚本程序设计的综合方法；
(2) 学会系统函数的调用方法。

【任务描述】

利用组态软件设计一抽奖系统，点击"启动"按钮，人名在屏幕上快速滚动显示，点击"停止"按钮，当前人名静止显示在屏幕上，即为中奖人员。

抽奖系统核心的问题在于随机不确定性。完成这样的一个任务需要用到脚本程序中的随机系统函数，通过 MCGS 组态软件帮助文件，找到随机系统函数！Rand(x, y)，这个函数包含两个参数 x、y。这个函数可以生成一个随机数，随机数的范围在 x 与 y 之间。

抽奖系统组态
仿真动画演示

利用随机系统函数产生 0～80 范围的随机数，对应的是八位人员。如果随机数的范围在 0～9，中奖人员为 A；如果随机数的范围在 10～19，中奖人员为 B；如果随机数的范围在 20～29，中奖人员为 C；如果随机数的范围在 30～39，中奖人员为 D；如果随机数的范围在 40～49，中奖人员为 E；如果随机数的范围在 50～59，中奖人员为 F；如果随机数的范围在 60～69，中奖人员为 G；如果随机数的范围在 70～80，中奖人员为 F。设计"启动"与"停止"两个按钮。当按下"启动"按钮，产生随机数；按下"停止"按钮，产生中奖人员。

【设计过程】

新建组态工程并打开用户窗口，放置构件，将界面设计成图 3.2.10 所示的形式，整个窗口的背景为红色。界面上有"幸运大抽奖"的标签，还有"启动"和"停止"两个按钮。

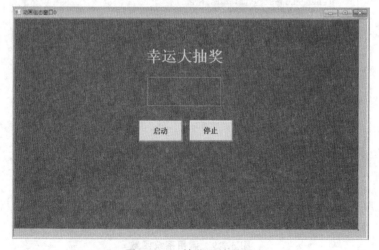

图 3.2.10　抽奖系统界面

进入实时数据库,建立三个数据对象。第一个是叫作"启停"的开关型数据对象,用于抽奖系统的启动与停止;第二个是叫作"随机数"的数值型数据对象,用于产生随机数;第三个是叫作"人名"的字符型数据对象,用于人名的输出显示。如图 3.2.11 所示。

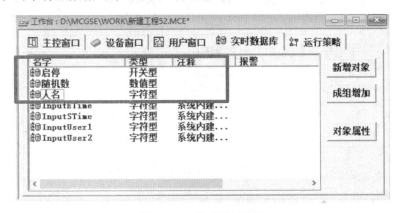

图 3.2.11 抽奖系统变量

双击标签构件打开其属性设置对话框,将"显示输出"勾选上,在"显示输出"选项卡中,将表达式设置为"人名",类型为"字符串输出",如图 3.2.12 所示。

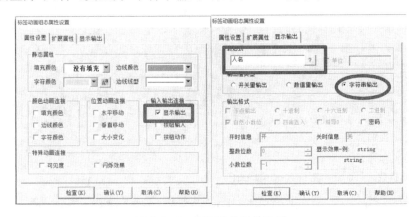

图 3.2.12 标签构件属性设置

双击标准按钮打开其属性设置对话框,启动按钮的基本属性设置为:文本颜色为蓝色,边线色为绿色,背景色为黄色。在脚本程序当中,当按下启动按钮时,启停数据对象为"1";按下停止按钮时,启停数据对象为"0",如图 3.2.13 所示。

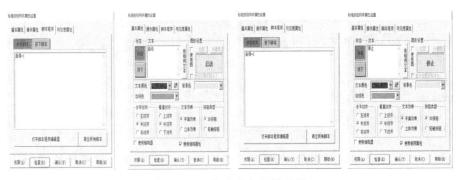

图 3.2.13 标准按钮属性设置

回到用户窗口,点击窗口属性,在循环脚本中,设置循环时间为 50 ms,如图 3.2.14 所示。

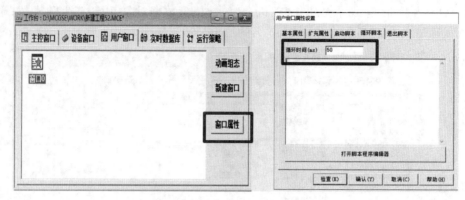

图 3.2.14　窗口循环脚本循环时间设置

打开脚本程序编辑器,编写脚本程序,参考如下:

```
     IF 启停=1 THEN
     随机数=! Rand(0,80)
ENDIF
IF 随机数>=0 and 随机数<9 THEN
     人名="史洁"
ENDIF
IF 随机数>=10 and 随机数<19 THEN
     人名="田云"
ENDIF
IF 随机数>=20 and 随机数<29 THEN
     人名="闫瑞涛"
ENDIF
     IF 随机数>=30 and 随机数<39 THEN
     人名="刘春玲"
ENDIF
     IF 随机数>=40 and 随机数<49 THEN
     人名="樊昱"
ENDIF
IF 随机数>=50 and 随机数<59 THEN
     人名="朱显明"
ENDIF
IF 随机数>=60 and 随机数<69 THEN
     人名="田欣"
ENDIF
IF 随机数>=70 and 随机数<80 THEN
     人名="孔庆玲"
ENDIF
```

第一段脚本程序表达的意思为,如果启停为"1",那么产生随机数进行抽奖,否则就不产生随机数,抽奖结束。第二段到第八段表达的意思为,如果随机数值为某一个区间,那么对应的人员则为中奖人员。比如随机数为 0～9,那么中奖人员为史洁。如果随机数的范围在 10～19,中奖人员为田云;如果随机数的范围在 20～29,中奖人员为闫瑞涛;如果随机数的范围在 30～39,中奖人员为刘春玲;如果随机数的范围在 40～49,中奖人员为樊昱;如果随机数的范围在 50～59,中奖人员为朱显明;如果随机数的范围在 60～69,中奖人员为田欣;如果随机数的范围在 70～80,中奖人员为孔庆玲。调整随机数的范围,就可以调整对应人员的中奖概率。

抽奖系统组态
仿真操作视频

比如:

```
IF 随机数>=0 and 随机数<70 THEN
人名="史洁"
ENDIF
```

说明史洁的中奖概率为 70/80,中奖率为 87.5%。

下载工程并进入模拟运行环境,点击"启动"按钮,屏幕上会动态显示人名,点击"停止"按钮则会产生中奖的人员。

 ## 练习与提高

一、单选题

1. $a=9,b=6$,执行 $x=a+b$ 的值后,x 的值为(   )。

A.15   B.3   C.12   D. 40

2. $a=4,b=2$,执行 $x=a-b$ 的值后,x 的值为(   )。

A.1   B.2   C.6   D.8

3. 如果一个开关型的数据对象为 A,使其置 1,在脚本程序中应如何表示(   )。

A.$A=0$ B.$A=1$ C.$A=-1$ D.以上都对

4. 如果一个开关型的数据对象为 A,使其清 0,在脚本程序中应如何表示(   )。

A.$A=0$ B.$A=1$ C.$A=-1$ D.以上都对

5. 在组态软件脚本程序中,两个表达式同时成立才能执行的连接语句是(   )。

A.OR   B.AND   C.ADD   D.SUB

二、判断题

1. 开关型常量是指 0 或非 0 的整数,通常 0 表示关,非 0 表示开。   (   )

2. 数值型常量是指带小数点或不带小数点的数值。   (   )

3. 由数据对象、括号和各种运算符组成的运算式称为表达式,表达式的计算结果称为表达式的值。   (   )

4. 当表达式中只包含算术运算符,表达式的运算结果为具体的数值时,这类表达式称为算术表达式。   (   )

5. 表达式是构成脚本程序的最基本元素。   (   )

三、讨论题

1. 如何理解启动脚本和循环脚本的功能?

2. 用脚本程序计算 $(12+5)\times3$。

3. 循环脚本时间设置为 100 ms 和 1000 ms 有什么区别?

项目 4
让我动起来——动画构件设计

MCGS 嵌入版组态软件不仅能实时监控,还可以根据用户不同的需求来实现相关动画的设计,使界面更加生动形象。

复杂的事情要简单做,简单的事情要认真做,认真的事情要重复做,重复的事情要创造地做,要以"工匠精神"做好本职工作,始终保持永不懈怠的精神状态和一往无前的奋斗姿态,努力提升自身素质,让我们开始行动吧!

【知识目标】

(1)掌握 MCGS 嵌入版组态软件标准图形库构件的修改方法;

(2)掌握动画组态属性当中水平移动和垂直移动的使用方法;

(3)掌握运行策略当中脚本程序的编写方法。

【能力目标】

(1)能够完成 MCGS 嵌入版组态软件标准图形库构件的修改;

(2)能够对组态软件构件中水平移动和垂直移动进行设置;

(3)能够对构件大小变化进行设置;

(4)能够熟练运用策略进行设计;

(5)能够完成脚本程序的设计。

4.1 标准图形库构件的修改与创建

MCGS组态软件提供了丰富的图形库,而且几乎所有的构件都可以设置动画属性。在实际应用当中总会有一些用户想用到的动画构件,但是在图形库中却不存在,或者动画效果在属性设置中与用户所需要的不一样。

4.1.1 标准图形库构件的修改与创建

【学习目标】

学会标准图形库构件的修改与创建。

【任务描述】

如图4.1.1所示,开关闭合,风机转动;开关断开,风机停止。

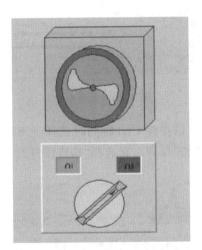

图4.1.1 标准图形库构件的修改

【设计过程】

**标准图形库
构件动画演示**

在MCGS嵌入版组态软件用户窗口插入一个标准图形库当中的风机。点击插入元件,在对象元件列表中找到"马达"类别,选择"马达52",插入用户窗口当中。双击这个马达打开单元属性设置窗口,我们看到没有任何动画连接属性。图形库中所提供的风机只能看,并没有转动的效果,接下来要对它的属性进行修改并且保存为可以动的新的图形元件,如图4.1.2所示。

在这个马达图标上面点击鼠标右键,选择"排列",再选择"分解单元"。这样就将这个风机所有的组成部件分割开来,如图4.1.3所示。

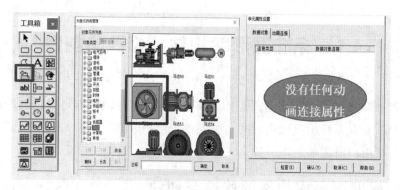

图 4.1.2 放置风机

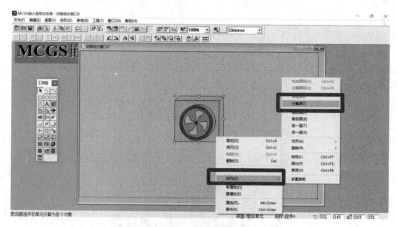

图 4.1.3 分解单元

然后选择上下两个扇叶，可以按住 Ctrl 键同时选择上下两个扇叶。选择完毕之后在两个扇叶上面，点击鼠标右键，选择"排列"，再选择"构成图符"。合并好之后，双击这个构成图符，如图 4.1.4 所示。

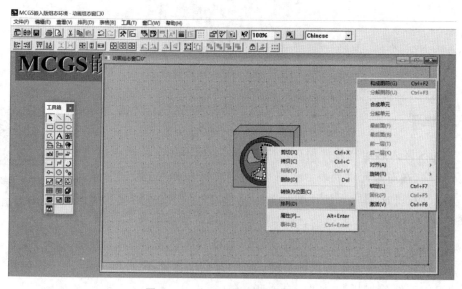

图 4.1.4 上下两个扇叶构成图符

在动画组态属性设置当中,将"特殊动画连接"当中的"可见度"选项勾选上。在可见度选项卡当中,表达式选择"@可见度",当表达非零时选择"对应图符可见",如图 4.1.5 所示。

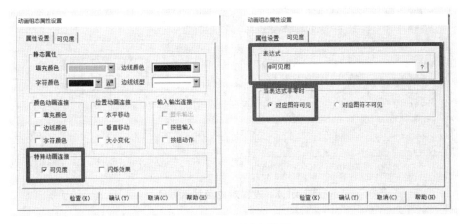

图 4.1.5　可见度设置

用同样的方法在同时选中左右两个扇叶,点击鼠标右键,选择"排列",再选择"构成图符",如图 4.1.6 所示。

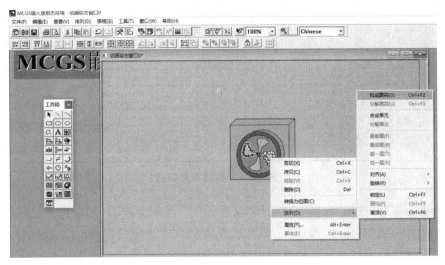

图 4.1.6　左右两个扇叶构成图符

双击图符,在动画组态属性设置中将"可见度"勾选上,在可见度选项卡当中,表达式选择"@可见度",当表达式非零时选择"对应图符不可见",如图 4.1.7 所示。这里面上下两个扇叶,对应的图符是可见的,左右两个扇叶对应的图符是不可见的。当可见度为 1 的时候,上下两个扇叶可以显示,左右两个扇叶不显示;当可见度为 0 时,上下两个扇叶不显示,左右两个扇叶显示。也就是说,只要我们快速地让可见度属性在 1 和 0 之间切换,就可以实现风机旋转的效果。

设置完毕之后,将这个风机所有的部件全选上,点击鼠标右键选择"排列",再选择"合成单元",那么这个新的风机我们就构建完成了,如图 4.1.8 所示。

为了以后使用方便可以将它保存至标准的元件库当中。选中新的风机元件,在组态软

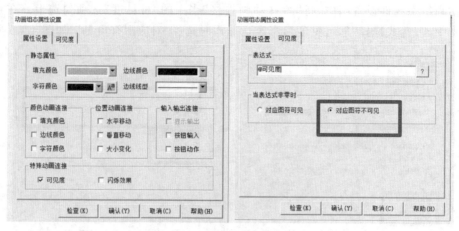

图 4.1.7　设置对应图符不可见

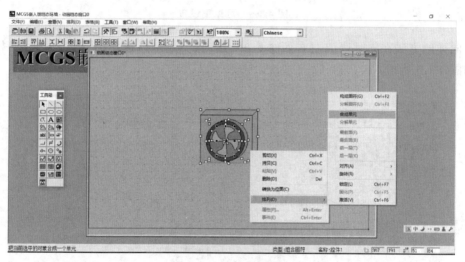

图 4.1.8　构建新的风机

件的动画组态窗口,选择"编辑",再选择"保存元件",系统会提示,是否把选定的图形对象保存到对象元件库当中,选择"确认"。那么在图形对象库当中会出现一个新图形,如图 4.1.9 所示。以后就可以像插入其他标准图形库当中的元件一样去使用新的风机元件。

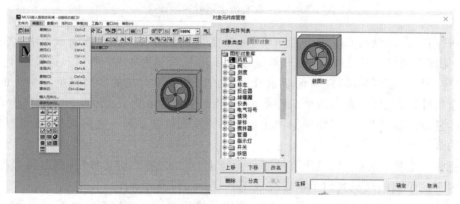

图 4.1.9　保存元件

在窗口合适的位置放置开关,如图 4.1.10 所示。

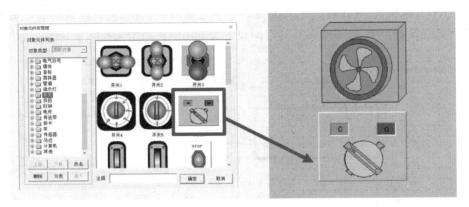

图 4.1.10　放置开关

在实时数据库当中,建立两个开关型的数据对象,一个为"风机",一个为"开关",如图 4.1.11所示。

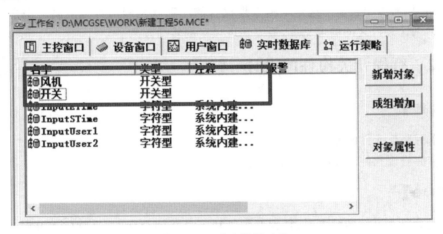

图 4.1.11　建立数据对象

我们需要通过时间设置来实现对风机可见度的快速切换。选择运行策略当中的循环策略,打开循环策略,增加一个策略行。将数据对象拖拽到策略行的执行构件中,双击策略行的执行条件,选择开关。当开关非 0 时,执行策略构件。如图 4.1.12 所示。

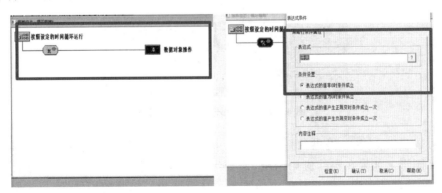

图 4.1.12　建立策略行

在数据对象操作中,对应数据对象的名称选择"风机"。在值操作中将"对象的值"勾选上,值为"NOT 风机"。这样可以让风机在 0 与 1 之间来回切换,实现风扇的转动效果。在循环策略属性设置当中,将策略循环的时间设置为 50 ms。如图 4.1.13 所示。

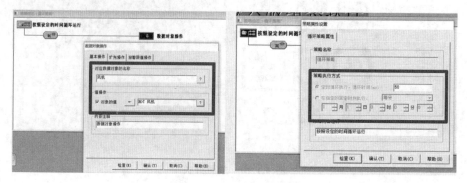

图 4.1.13　更改循环时间

设置完毕之后下载工程并进入模拟运行环境。将开关打开,风机转动,将开关关闭,风机停止转动。这个动画效果执行的原理就是利用可见度属性快速切换两个扇叶之间的可见度,最终实现风扇的转动效果。

标准图形库构件
操作视频

4.1.2　行程开关构件的设计

【学习目标】

(1)掌握制作元件的方法;
(2)掌握修改元件动画组态属性设置的方法。

【任务描述】

物体碰到行程开关的触点时,行程开关被压下处于闭合状态,当物体离开时,行程开关可以自动弹开处于断开状态,如图 4.1.14 所示。

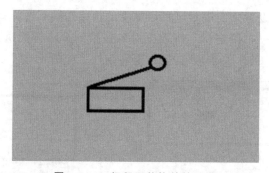

图 4.1.14　行程开关构件的设计

我们可以借助 MCGS 提供的标准元件库中的元件将其修改成我们所需要的动画图形。如果在实际应用当中,遇到组态软件元件库中没有的动画图形,就需要自己来利用组态软件中的绘制工具设计我们想要的构件,本节通过一个工程上经常使用的行程开关为例,给大家讲解如何利用绘图及

行程开关构件
动画演示

动画设置选项设计出标准图形库当中没有的动画构件。

【设计过程】

首先在用户窗口中绘制出构成行程开关的三个图形符号，包括一个矩形、两条直线和两个圆圈，如图 4.1.15 所示。

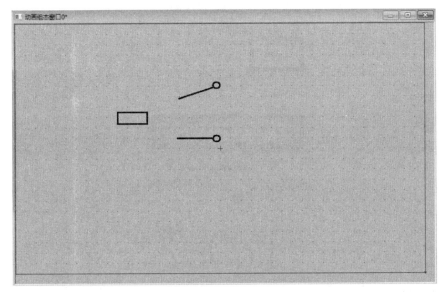

图 4.1.15 放置图形

选中一条直线和一个圆圈，点击鼠标右键选择"排列"，再选择"构成图符"，如图 4.1.16 所示。

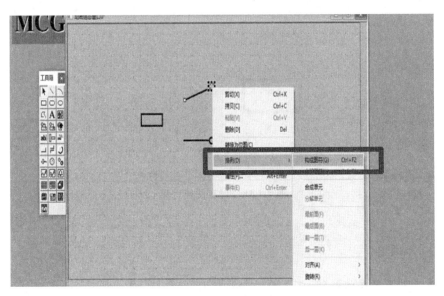

图 4.1.16 构成图符

双击组合之后的图形打开属性设置对话框，勾选特殊动画连接下的"可见度"，在可见度标签页面下，将表达式设置为"@可见度"，当表达式非零时选择"对应图符不可见"。这样设置后，当可见度为 1 时，就不会呈现抬起的触点，如图 4.1.17 所示。

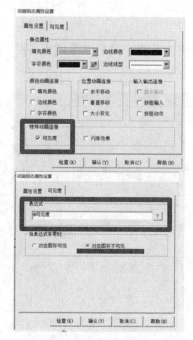

图 4.1.17　设置属性

再选中另外一组直线和圆圈，点击鼠标右键选择"排列"，再选择"构成图符"。

双击组合之后的图形打开属性设置对话框，勾选特殊动画连接下的"可见度"，在可见度标签页面下，将表达式设置为"@可见度"，当表达式非零时选择"对应图符可见"。这样设置后，当可见度为 1 时，就会看见被压下的触点，如图 4.1.18 所示。

图 4.1.18　对应图符可见

小笔记

在设置可见度的时候，这里面一个对应_____，另一个对应_____。

双击矩形，进入属性设置对话框，勾选输入输出连接下的"按钮动作"，再勾选按钮动作标签下的"数据对象值操作"，构件操作类型选择"取反"，连接变量"@开关量"，这样设置主要是为了我们后面可以点击这个行程开关来模拟其闭合或者断开的状态,如图 4.1.19 所示。

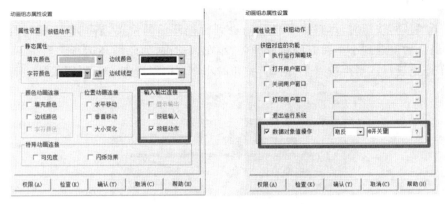

图 4.1.19　设置矩形属性

选中整个图形组合并选择"保存元件",将做好的行程开关保存到标准元件库当中,如图 4.1.20 所示。

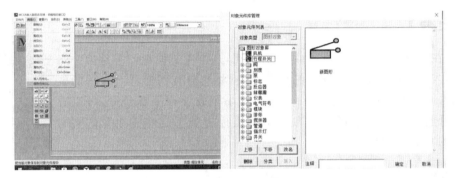

图 4.1.20　保存元件

为新的行程开关起名为"行程开关",在实时数据库中建立开关型数据对象,双击做好的行程开关,按钮输入和可见度都与开关数据对象相关联。

下载工程并进入模拟运行环境,可以看到,用鼠标点击行程开关时,开关会闭合,再点击一下开关会断开。

行程开关构件操作视频

◀ 4.2　你的眼睛被骗了——动画构件设计实战 ▶

组态软件系统的动画设计主要就是利用可见度、位移、填充颜色、闪烁效果等完成的动画设计。

4.2.1　自动往返运料小车动画设计

【学习目标】

(1) 掌握运料小车动画设计的方法;
(2) 了解组态软件系统动画的运行原理。

【任务描述】

当按下"启动"按钮时,运料小车自动前进到行程开关的位置,遇到前方的行程开关,小车自动后退。后退遇到小车后方的行程开关,小车再前进,如此循环运行。当按下"停止"按钮时,小车停止运行。当再按一下"启动"按钮时小车可以继续运行。如图 4.2.1 所示。

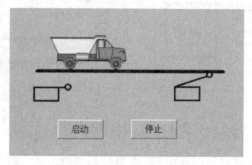

图 4.2.1　自动往返运料小车

【设计过程】

首先在屏幕上画一条直线,边线选择加粗,这个主要模拟的是地面。然后点击插入元件插入上一节设计的行程开关,将它放置到屏幕上合适的位置,再点击插入元件插入一个运料小车。将小车放置在工作台上,可以看到,小车目前的初始位置,横坐标为 236,纵坐标为 163,这个是小车的初始位置,如图 4.2.2 所示。

运料小车
动画演示

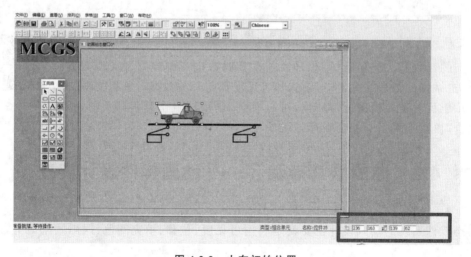

图 4.2.2　小车初始位置

将小车向前移动,移动到前进的终点,即行程开关的位置。可以看到,此时横坐标为 406,纵坐标为 163,如图 4.2.3 所示。小车在两个行程开关之间运行,需要运行的距离为 170 (406−236)。

设计一个名为"启动"的标准按钮,一个名为"停止"的标准按钮来负责自动运料小车的启动与停止,如图 4.2.4 所示。

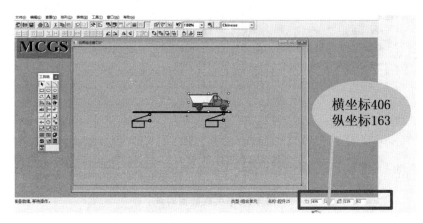

图 4.2.3　小车终点位置

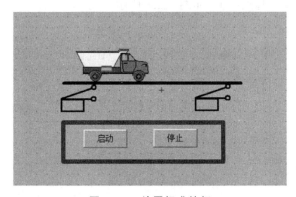

图 4.2.4　放置标准按钮

　　当组态画面设计完毕之后,为了实现小车的运动,我们要建立数据对象。建立"启停""位移""前进""后退"四个数据对象,其中"启停"是开关型的数据对象,完成的是小车运行与停止的切换。小车有两种工作状态,一种是前进,一种后退,建立"前进"和"后退"这两个开关型的数据对象。小车的移动是靠数值来控制的,建立一个叫作"位移"的数值型数据对象。如图 4.2.5 所示。建立完毕之后我们再来设置行程开关的属性,将行程开关的数据对象当中的"可见度"与"位移＝0"相关联,如图 4.2.6 所示。

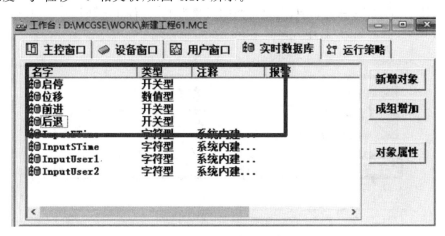

图 4.2.5　建立数据对象

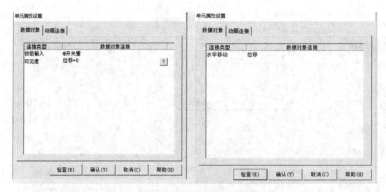

图 4.2.6　关联数据对象

　　运料小车水平移动所关联的数据对象为位移,这个数值改变的时候,小车就会进行移动。位移为终点的值减去起点的值,如图 4.2.7 所示。

图 4.2.7　关联位移数据对象

　　再来设置标准按钮属性,在启动按钮设置中,数据对象值操作选择"置 1",关联对象为"启停",当按下"启动"按钮时,"启停"这个数据对象为 1。在停止按钮设置中,数据对象值操作选择"清 0",关联对象为"启停",如图 4.2.8 所示。

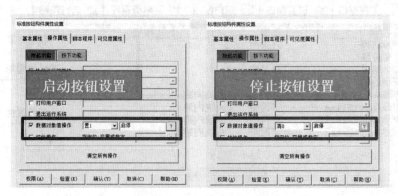

图 4.2.8　关联标准按钮

将循环时间设置为 50 ms。循环时间可以控制小车的运行速度,如图 4.2.9 所示。

图 4.2.9 设置循环时间

设计完毕之后,在用户窗口属性设置下的循环脚本中,编写以下程序:

```
IF 位移= 0 THEN
前进= 1
后退= 0
ENDIF
IF 位移= 406- 236 THEN
前进= 0
后退= 1
ENDIF
IF 启停= 1 AND 前进= 1 THEN
位移= 位移+ 5
ENDIF
IF 启停= 1 AND 后退= 1 THEN
位移= 位移- 5
ENDIF
```

输入完程序之后点击"确认"键,下载工程并进入模拟运行环境。可以看到小车的初始位置为 0 点,行程开关压下,小车前进,行程开关抬起,小车停止,遇到终点行程开关时,小车自动后退。

运料小车动画
设计操作视频

4.2.2　温度控制系统

【学习目标】

利用组态软件中的动画显示构件完成动画效果的制作。

【任务描述】

当温度低于 25 ℃的时候,自动启动加热系统;当温度高于 27 ℃的时候,风扇运转进行降温。如图 4.2.10 所示。

图 4.2.10　温度控制系统

温度控制系统
动画演示

在工业生产当中,很多情况下都需要对温度进行控制。当温度低于某个值的时候,启动加热系统;当温度高于某值的时候,启动风扇进行降温。本节利用组态软件当中的动画构件来制作一些动画效果。

【设计过程】

首先打开组态软件,在用户窗口中,点击工具箱中的动画显示构件,如图 4.2.11 所示。动画显示构件用于实现动画显示和多态显示的效果。通过和显示变量建立连接,动画显示构件用显示变量的值来驱动切换显示多幅图像、文字。在多态显示方式下,构件用显示变量的值来寻找分段点,显示指定分段点对应的图像、文字。在动画显示方式下,当显示变量的值为非 0 时,构件按指定的频率,循环顺序切换显示所有分段点对应的图像。多幅图像、文字的动态切换显示就实现了特定的动画效果。

动画显示构件具有可见与不可见两种显示状态,当指定的可见度表达式被满足时,动画显示构件将呈现可见状态,否则,处于不可见状态。在屏幕中拖拽出动画显示构件,双击动画显示构件,对其属性进行设置。如果动画显示构件所连接的数据对象是开关型数据对象的位,则构件只有两种状态:非 0 状态(开状态)和 0 状态(关状态)。此时分段点只能有两个。在分段点列表中选定不同的段点,可显示其对应的图像、文字。增加段点是指可以增加一个段点,删除段点是指删除分段点列表中所选定的段点。

"位图"按钮可以把对象元件库中的位图装入到指定的段点。通过效果预览可以查看添

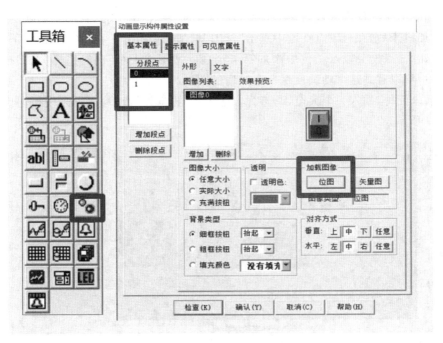

图 4.2.11 增加动画显示构件

加位图之后的效果。在这里,完成的是一个风扇转动的效果。默认有两个分段点,我们也可以增加其他的分段点。选择加载图像中的位图,如图 4.2.12 所示。

图 4.2.12 加载位图

此时出现对象元件库管理对话框,点击左下角的"装入"键,找到我们想切换的风扇的两个扇叶,添加进来后,在分段点 0 位中点击"位图"增加一个扇叶。在"图像大小"下面可以选择"充满按钮"。点击分段点 1 位中添加第二个扇叶,"图像大小"仍然选择"充满按钮"。设置完毕之后,可以看到这个动画就是一个风扇的图形。

点击插入元件,插入一个火苗,调整为合适大小,再选择滑动输入器来模拟温度的变化。如图 4.2.13 所示。

图 4.2.13　插入元件

下面需要建立数据对象将这几个构件进行关联,实现动态效果。在实时数据库中,建立一个名为"温度"的数值型数据对象,再建立一个名为"风扇"的开关型数据对象,如图 4.2.14 所示。建立完毕之后回到用户窗口。

名字	类型	注释	报警
InputETime	字符型	系统内建…	
温度	数值型		
风扇	开关型		
InputSTime	字符型	系统内建…	
InputUser1	字符型	系统内建…	
InputUser2	字符型	系统内建…	

主控窗口　设备窗口　用户窗口　实时数据库　运行策略

新增对象　成组增加　对象属性

图 4.2.14　建立数据对象

双击动画显示构件,在显示属性当中显示变量的类型选择"开关、数值型",与建立的"风扇"相关联,选择"根据显示变量的值切换显示各幅图像"。这是需要利用脚本或者运行策略来改变变量的值,实现动画的效果。"当显示变量非零时,自动切换显示各幅图像"这个选项的意思是当显示变量不为零时,系统会自动切换这个图像,但是这个时间有些时候很难达到我们的要求,如果切换的速度比较慢,那么动画效果不是很好。选择第一个,"根据显示变量的值切换显示各副图像",然后利用运行策略来控制显示切换的时间。如图 4.2.15 所示。

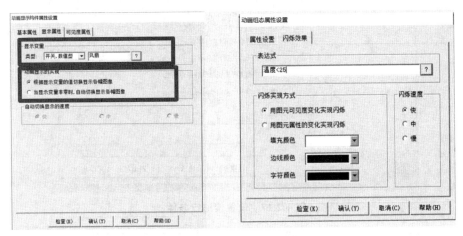

图 4.2.15 关联数据对象

双击火苗,打开其属性设置对话框,点击"闪烁效果"标签,当表达式为"温度<25"时,闪烁实现方式为"用图元可见度变化实现闪烁",这个效果是一闪一闪的。如果选择"用图元属性的变化实现闪烁",那么它改变的是填充颜色和边线颜色,还有字符颜色的值。

下面设置滑动输入器构件的属性,在其操作属性中,对应数据对象的名称为"温度",滑块在最左(下)边时对应的值为"20",滑坡在最右(上)边时对应的值为"30",如图 4.2.16 所示。

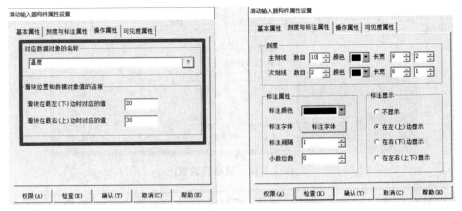

图 4.2.16 设置滑动输入器构件的属性

在刻度与标注属性中,主划线数目设置为10,次划线数目设置为2,标注间隔设置为1,小数位数设置为0。我们通过这个滑块,可以来模拟温度值的变化。

打开循环策略组态,新增一个策略行,将策略工具箱中的数据对象添加至策略行。

设置策略行条件属性表达式为"温度>27",条件设置选择"表达式的值非 0 时条件成立",如图 4.2.17 所示。其他设置如图 4.2.18 所示。

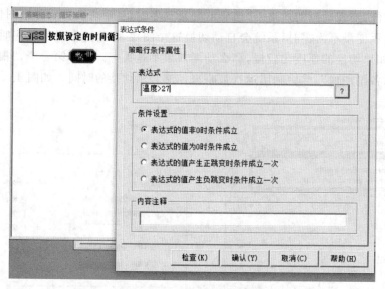

图 4.2.17　设置策略行条件

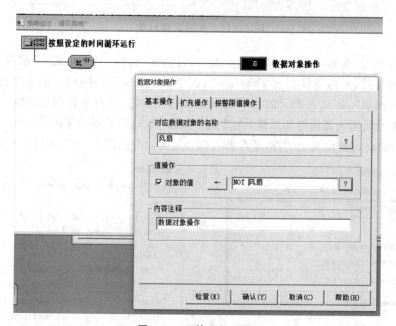

图 4.2.18　策略行设置

　　将运行策略设置完毕之后,每隔 50 ms 系统会自动切换两个风扇的静态图像,实现风扇的转动效果。

4.2.3　小球沿长方形轨迹运动动画

温度控制系统
操作视频

【学习目标】

　　(1)掌握动画组态属性当中水平移动和垂直移动的使用方法;

　　(2)掌握运行策略当中脚本程序的编写方法。

【任务描述】

如图 4.2.19 所示,让小球沿长方形轨迹运动。

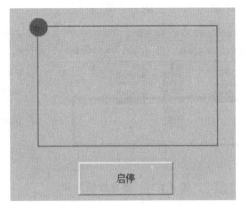

图 4.2.19 小球沿长方形轨迹运动

小球所处的位置是这个长方形的零点。在 MCGS 嵌入版组态软件中,向右表示 X 轴的正方向,向下表示 Y 轴的正方向,小球所处的位置就是小球垂直移动和水平移动的零点。小球的运动轨迹为长方形,长为 300,宽为 200。小球从零点向右移动到 X 轴 300 的位置,再向下移动到 Y 轴 200 的位置,再向左移动到 X 轴零的位置,再向上移动到 Y 轴零的位置,实现一个循环滚动的效果。增加一个名为"启停"的标准按钮负责小球运动过程当中的启动与停止。

小球沿长方形轨迹
运动动画演示

【设计过程】

在窗口中绘制一个长方形,长为 300,宽为 200。点击标准按钮,增加一个标准按钮图形,命名为"启停"。绘制一个三维圆球,圆球截面的大小为 30×30。将圆球放置在长方形的左上角,如图 4.2.20 所示。

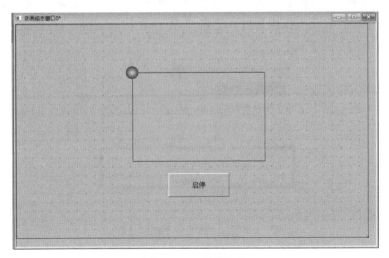

图 4.2.20 放置构件

打开实时数据库建立三个数据对象。建立一个名为"启停"的开关型数据对象,主要负责小球的移动和停止;再建立一个名为"X"的数值型数据对象,负责小球在 X 轴方向的移动;再建立一个名为"Y"的数值型数据对象,负责小球在 Y 轴方向的移动。如图 4.2.21 所示。建立完毕之后,将数据对象与所建立的构件相关联。

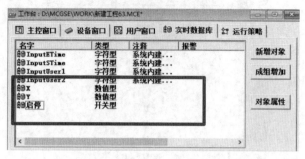

图 4.2.21　建立数据对象

下面设置小球的属性。将边线颜色设置为红色,将"水平移动"和"垂直移动"勾选上。在水平移动对话框当中,关联数据对象表达式为"X",最小移动偏移量为"0",表达式的值为"0";最大移动偏移量为"300",表达式的值为"300",这个表示长方形的长。在垂直移动选项当中,关联数据对象表达式为"Y",最小移动偏移量为"0",表达式的值为"0";最大移动偏移量为"200",表达式的值为"200",这个表示长方形的宽。如图 4.2.22 所示。

图 4.2.22　小球属性设置

双击"启停"按钮,将操作属性设置为数据对象值操作"取反",与"启停"数据对象相关联,如图 4.2.23 所示。取反的操作是按一下启动,下一次按就是停止,再按就是启动。

图 4.2.23　设置标准按钮

要想实现小球的滚动,需要在运行策略中,实现循环运行的脚本程序。双击循环运行策略,增加策略行。点击策略工具箱中的脚本程序,放置在该策略行的构件上。双击策略行执行的条件,关联为"启停",当启停按钮为 1 时执行策略行,当启停按钮为 0 时不执行策略行。打开策略行构件脚本程序,输入脚本程序,如图 4.2.24 所示。

小球沿长方形轨迹
运动操作视频

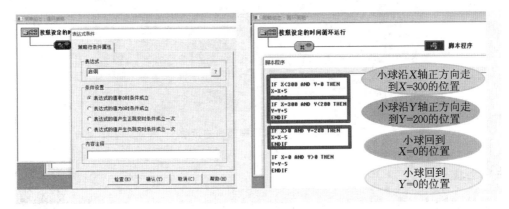

图 4.2.24　输入脚本程序

小笔记 ......

请编写小球逆时针运动的程序。

4.2.4　小球沿椭圆轨迹运动

【学习目标】

(1) 掌握位移动画操作方法;
(2) 学会被动建立数据对象。

【任务描述】

如图 4.2.25 所示,小球沿椭圆形轨迹做顺时针旋转运动。

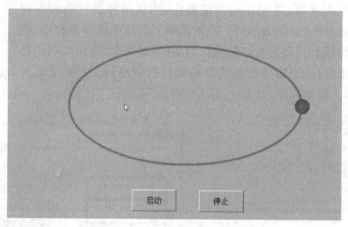

图 4.2.25　小球沿椭圆轨迹运动

【设计过程】

利用工具箱中的椭圆工具绘制一个椭圆形,椭圆形的大小为 480×240,这个尺寸的椭圆形可以在动画组态窗口的右下角,直接输入 480、240 来设定,如图 4.2.26 所示。

小球沿椭圆轨迹
运动动画演示

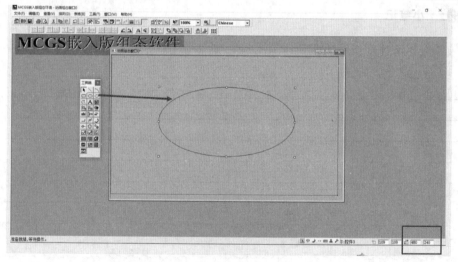

图 4.2.26　绘制椭圆

点击工具箱中的常用符号图标,调出常用图符工具栏,选择三维圆球,在屏幕上画一个截面尺寸为 30×30 的圆球。同样可以在选中三维圆球之后,在窗口的右下角直接输入 30、30 来设定三维圆球的尺寸,如图 4.2.27 所示。

将椭圆形与三维圆球同时选中,点击鼠标右键选择"排列",再选择"对齐",最后选择"中心对中",这样三维圆球就会在椭圆形中心处,如图 4.2.28 所示。

双击椭圆形,打开其属性设置对话框,将边线颜色设置为绿色,点击"确认"。双击三维圆球图标,打开其属性设置对话框,在填充颜色当中,选择粉色,勾选位置动画连接选项中的"水平移动"和"垂直移动"复选框,如图 4.2.29 所示。

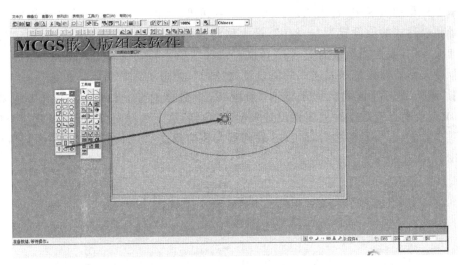

图 4.2.27 绘制小球

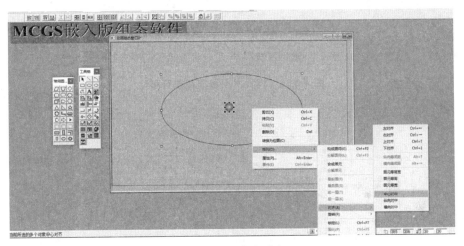

图 4.2.28 中心对中

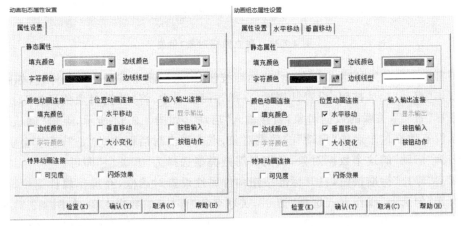

图 4.2.29 设置小球和椭圆的属性

在水平移动选项卡中，表达式设置为"！cos（角度）＊240"，在水平移动连接中，最小移动偏移量和表达式的值设置为"－240"，最大移动偏移量和表达式的值设置为"240"。在垂直移动选项卡中，表达式设置为"！sin（角度）＊120"，最小移动偏移量和表达式的值设置为"－120"，最大移动偏移量和表达式的值设置为"120"，如图4.2.30所示。

点击"确认"之后，系统会提示没有"角度"这个数据对象，此时点击弹出对话框中的"是"，系统会自动打开数据对象属性设置来创建"角度"这个数据对象，选择设置这个数据对象的类型即可，点击"确认"之后，MCGS软件就为我们建立了一个叫作"角度"的数值型数据对象，如图4.2.31所示。

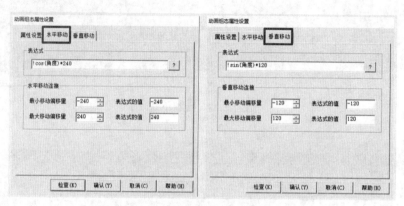

图4.2.30　设置水平移动和垂直移动

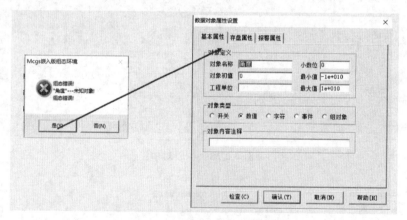

图4.2.31　建立数据对象"角度"

在屏幕上画出名为"启动"与"停止"的标准按钮，用来控制小球的启动与停止，如图4.2.32所示。双击"启动"标准按钮，设置其属性，在操作属性当中，将"数据对象值操作"勾选上，操作方式选择"置1"，关联的数据对象，直接输入"启动"，如图4.2.33所示，点击"确认"后系统仍然提示没有建立这个名为"启动"的数据对象，点击弹出对话框中的"是"，系统会引导我们去创建名为"启动"的这个数据对象，我们只需把类型选择为"开关型"即可。

再双击"停止"标准按钮，打开标准按钮构件属性设置对话框，在操作属性当中，将"数据对象值操作"勾选上，操作方式选择"清0"，关联名为"停止"的数据对象，如图4.2.34所示。

打开策略组态当中的循环策略，新建一个策略行。将脚本程序放置到策略行上。双击策略行条件属性图标，将条件属性的表达式与"启动"数据对象相关联，如图4.2.35所示。

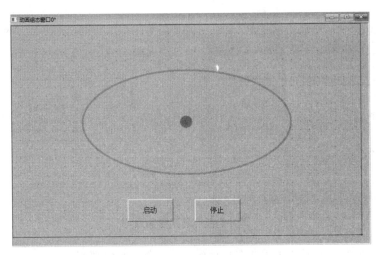

图 4.2.32 放置标准按钮

图 4.2.33 设置启动按钮

图 4.2.34 设置停止按钮

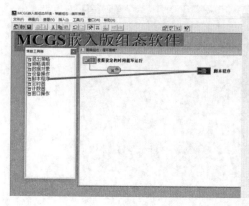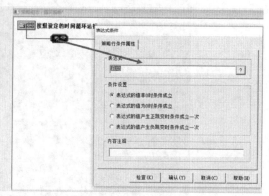

图 4.2.35　建立策略行

双击策略行的脚本程序,打开脚本程序编辑器,输入下列脚本程序:

```
IF 角度>=3.14 THEN
角度=-3.14
角度=角度+3.14/180*2
ELSE
角度=角度+3.14/180*2
ENDIF
```

≫→｜小笔记┃......

请解释上述程序中的每条语句。

_____

_____

_____

_____

_____

_____

_____

回到策略组态窗口,将策略循环时间设置为 100 ms。然后下载工程并进入模拟运行环境。

4.2.5　多语言组态

小球沿椭圆轨迹
运动操作视频

【学习目标】

(1)学习组态下和运行环境下多语言的设置和使用方法;

(2)了解多语言组态的设计步骤。

【任务描述】

可以选择不同语言进行组态，如图 4.2.36 所示。

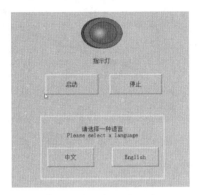

图 4.2.36　多语言组态

随着工业领域国际化的发展，多语言显示效果已经成为众多国际化公司的基本需求。MCGS 嵌入版组态软件具备多语言功能，为用户提供多语言的显示方案。

多语言组态
动画演示

【设计过程】

新建并打开动画组态窗口，在窗口中设计两个按钮，分别命名为"启动"与"停止"。插入一个指示灯图形构件，指示灯图形构件下面利用标签构件标注"指示灯"并将标签构件的边线去掉。再建立两个标准按钮构件作为切换语言的选择按钮，一个名为"中文"，另外一个命名为"English"，并利用标签构件进行选择信息标注，如图 4.2.37 所示。

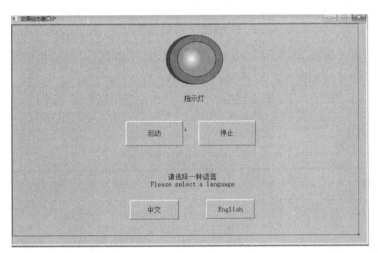

图 4.2.37　放置构件

添加一个修饰边框，利用矩形构件，在选择语言的位置拖拽出一个矩形框，并将矩形框的边线颜色设置为黄色。如图 4.2.38 所示。

此时我们会发现这个矩形框将按钮覆盖住了，可以用鼠标右键单击矩形框，选择"排

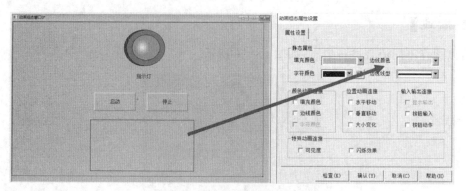

图 4.2.38　放置边框

列",再选择"最后面",如图 4.2.39 所示。

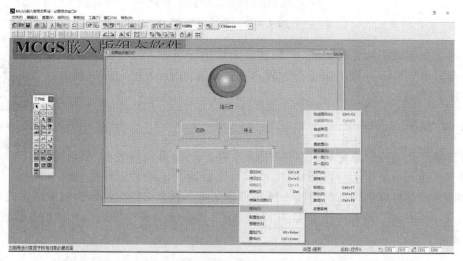

图 4.2.39　边框排列

　　将多语言组态的界面设计完毕之后,要进行多语言编辑,点击工具栏当中的"工具"选项,选择"多语言配置",如图 4.2.40 所示。

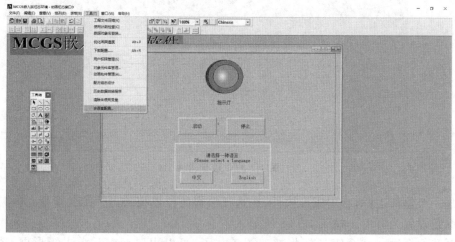

图 4.2.40　配置菜单

进入多语言配置对话框当中,点击文件菜单下的"选择语言",将"English"语言类型选项复选框勾选上,如图4.2.41所示。

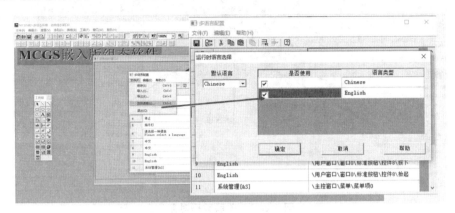

图 4.2.41 勾选语言类型

这时,多语言配置窗口当中多了一个名为"English"的列表,在列表中可以对应中文输入英文。这个列表主要用来显示在英文状态下所要显示的内容。以"启动"为例,在中文状态下显示为"启动",在英文状态下显示为"Start"。

为了便于演示工程,在实时数据库当中建立一个名为"指示灯"的开关型数据对象,如图4.2.42所示。

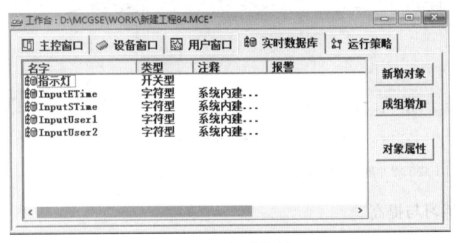

图 4.2.42 建立数据对象

回到用户窗口,打开"启动"按钮构件属性设置对话框,在操作属性中,将"数据对象值操作"勾选上,操作属性设置为"置1",关联数据对象为"指示灯"。再打开"停止"按钮构件属性设置对话框,在操作属性中,将"数据对象值操作"勾选上,操作属性设置为"清0",关联数据对象为"指示灯"。指示灯图形构件关联指示灯数据对象,如图4.2.43所示。

打开"中文"按钮属性设置对话框,输入以下脚本程序:! SetCurrentLanguageIndex(0),这个函数的作用是设置当前语言的索引,参数为0为中文语言显示,1为英文语言显示。打开"English"按钮属性设置对话框,输入

多语言组态
操作视频

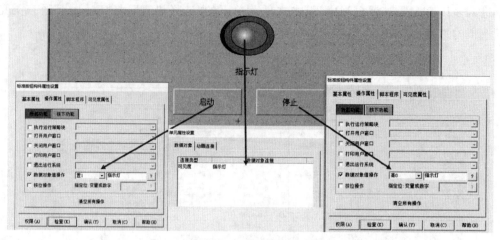

图 4.2.43 关联数据对象

以下脚本程序：！SetCurrentLanguageIndex(1)。如图 4.2.44 所示。

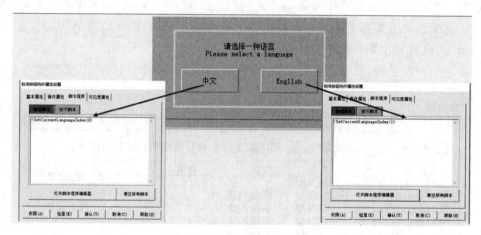

图 4.2.44 输入脚本

最后下载工程并进入模拟运行环境。

 练习与提高

一、单选题

1. 一个容器中水位的变化属于哪种动画属性（　　）。

A.水平移动　　　　　B.垂直移动　　　　　C.大小变化　　　　　D.填充颜色

2. 指示灯亮与灭属于哪种动画（　　）。

A.水平移动　　　　　B.垂直移动　　　　　C.大小变化　　　　　D.填充颜色

3. 气球变大变小属于哪种动画（　　）。

A.水平移动　　　　　B.垂直移动　　　　　C.大小变化　　　　　D.填充颜色

4. 可以利用（　　）来实现行程开关的动画效果。

A.水平移动　　　　　B.垂直移动　　　　　C.大小变化　　　　　D.可见度

5. MCGS 嵌入版组态软件支持中文和( )语言组态。

A.英文 　　　　　　　B.日语 　　　　　　　C.俄语 　　　　　　　D.法语

二、判断题

1. 水平移动动画属性可以使图形在屏幕上左右移动。 （ ）

2. 垂直移动动画属性可以使图形在屏幕上左右移动。 （ ）

3. 填充颜色动画属性可以改变图形的边线颜色。 （ ）

4. 在 MCGS 嵌入版组态软件中，可以利用大小变化来实现动画效果。 （ ）

5. 在 MCGS 嵌入版组态软件中，可以利用填充颜色来实现动画效果。 （ ）

三、讨论题

1. 如何在对象元件库中添加新的图形？

2. 如何将多个图形合并成一个图形？

3. 在 MCGS 嵌入版组态软件中，用户窗口中的动画构件是如何"动"起来的？

项目 5
液体混合搅拌系统的设计

液体混合搅拌系统广泛应用于化工、制药、冶金、食品和水处理等行业,利用组态软件实现液体混合搅拌系统的监控功能,保证系统安全平稳地运行。

一个国家、一个民族的发展,离不开各行各业劳动者的共同推动,弘扬工匠精神有助于提高创新能力、加快建设制造强国。同学们在今后的工作中要用心做好本职工作,认真负责,踏实敬业,勇于创新。

【知识目标】

(1) 掌握动画组态属性当中水平移动和垂直移动的使用方法;

(2) 掌握运行策略当中脚本程序的编写方法;

(3) 掌握数据对象类型中组对象的定义和使用方法;

(4) 掌握报警显示构件的使用方法和应用;

(5) 掌握密码的设定方法。

【能力目标】

(1) 能够用所学动画组态属性完成水平移动;

(2) 能够用所学动画组态属性完成垂直移动;

(3) 能够对系统进行报警设计;

(4) 能设定工程密码。

◀ 5.1 不可逾越的界限——报警系统 ▶

报警显示构件专用于实现 MCGS 系统的报警信息管理、浏览和实时显示的功能。构件直接与 MCGS 系统中的报警子系统相连接,将系统产生的报警事件显示给用户。报警显示构件具有可见与不可见两种显示状态,当指定的可见度表达式被满足时,报警显示构件将呈现可见状态,否则,处于不可见状态。报警显示构件在可见的状态下,类似一个列表框,将系统产生的报警事件逐条显示出来。报警显示构件显示的报警信息包括报警开始、报警应答和报警结束等。

5.1.1 液体混合搅拌系统的设计

【学习目标】

(1)掌握动画组态属性当中水平移动和垂直移动的使用方法;
(2)掌握运行策略当中脚本程序的编写方法。

【任务描述】

液体混合搅拌系统的设计,由两个阀门来控制原料罐和催化剂罐中液体的流出,加入反应器中。然后通过反应器内部的搅拌机进行混合搅拌。可以通过触摸屏设置搅拌的时间。当搅拌完毕之后,可以通过阀门将混合好的物料供应出去。如图 5.1.1 所示。

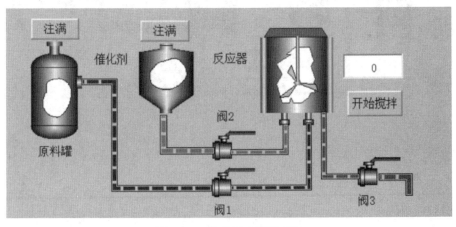

图 5.1.1 液体混合搅拌系统

【设计过程】

点击用户窗口左侧的工具栏,插入三个罐和一个搅拌机,将搅拌机和反应器罐组合成一个新反应器。如图 5.1.2 所示,构件放置好之后,选中搅拌机和反应器罐,点击鼠标右键,选择"排列",再选择"合成单元",这样这个搅拌机和这个反应器罐就是一个元件了。

液体混合搅拌系统动画演示

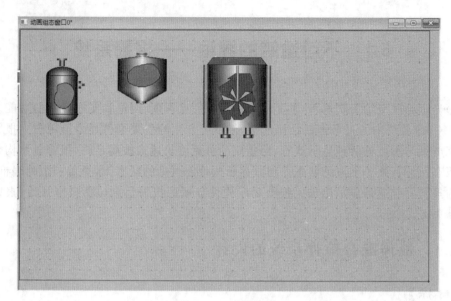

图 5.1.2　放置构件

　　还需要放置三个阀门、三个标准按钮和一个输入框。另外还可以通过标签构件对每一个构件的名称进行标注。放置完毕之后,利用流动块构件将各个元件联系起来,如图 5.1.3 所示。

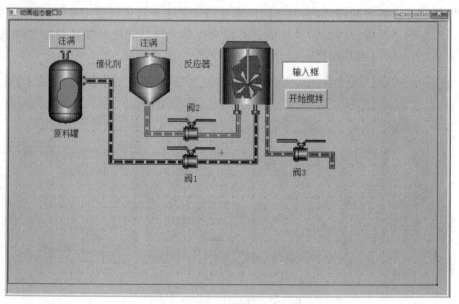

图 5.1.3　液体混合搅拌系统界面

　　打开实时数据库,建立数据对象,实现组态工程的动作及控制流程。建立名为"阀1""阀2""阀3"的开关型数据对象,用来控制三个阀门的开启和闭合;建立名为"搅拌机"和"开始搅拌"的开关型数据对象,用来控制搅拌机的转动;建立名为"原料罐""催化剂""反应器"三个数值型的数据对象,用来反映三个储液罐中的液位变化;建立名为"时间"和"搅拌时间"的数值型数据对象,用来控制搅拌机的转动时间,如图 5.1.4 所示。

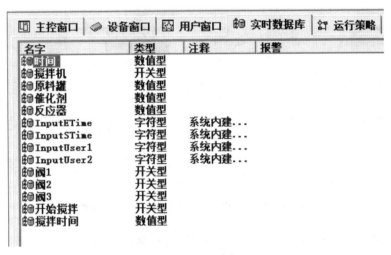

图 5.1.4　建立数据对象

将原料罐构件单元属性设置中的"大小变化"关联"原料罐"这个数据对象；催化剂构件单元属性设置中的"大小变化"关联"催化剂"这个数据对象，如图 5.1.5 所示。

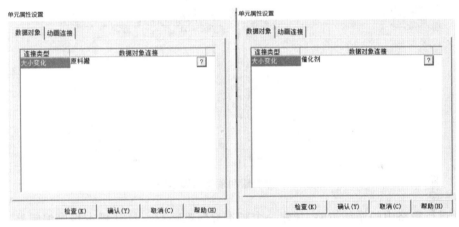

图 5.1.5　关联数据对象

将反应器构件单元属性设置中的"大小变化"关联"反应器"这个数据对象，"可见度"关联"搅拌机"这个数据对象，如图 5.1.6 所示。

三个阀门分别与"阀 1""阀 2""阀 3"关联。蓝色流动块的流动属性与阀 1 数据对象相关联，绿色流动块的流动属性与阀 2 数据对象关联，红色流动块的流动属性与阀 3 数据对象关联。

打开"搅拌时间"输入框构件的属性设置对话框，将其与"搅拌时间"这个数据对象关联，打开"开始搅拌"标准按钮构件属性设置对话框，将其操作属性中的数据对象值操作设置为"置 1"，关联数据对象为"开始搅拌"，如图 5.1.7 所示。

图 5.1.6　反应器关联数据对象

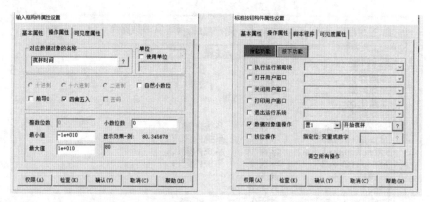

图 5.1.7　输入框构件和标准按钮构件属性设置

打开原料罐"注满"的标准按钮属性设置对话框,在脚本程序中,输入:原料罐＝100,再打开催化剂"注满"的标准按钮属性设置对话框,在脚本程序中,输入:催化剂＝100,如图 5.1.8 所示。

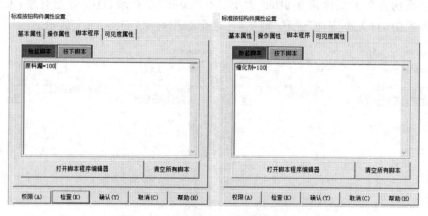

图 5.1.8　原料罐和催化剂脚本编写

打开运行策略中的循环策略,新建一个脚本程序策略行。打开脚本程序编辑器,输入以下脚本程序:

```
IF 阀 1=1 AND 阀 2=0 THEN
原料罐=原料罐-2
反应器=反应器+2
ENDIF
```

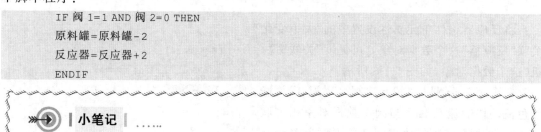

小笔记

下列这段程序的意思是:_____。
IF 阀 1＝0 AND 阀 2＝1 THEN
催化剂＝催化剂—2
反应器＝反应器＋2
ENDIF

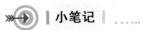

小笔记 ......

下列这段程序的意思是：_____。

IF 阀 1＝1 AND 阀 2＝1 THEN

原料罐＝原料罐－2

催化剂＝催化剂－2

反应器＝反应器＋4

ENDIF

小笔记 ......

下列这段程序的意思是：_____。

IF 阀 3＝1 AND 反应器＞20 THEN

反应器＝反应器－4

ENDIF

小笔记 ......

图 5.1.9 所示程序的意思是：_____。

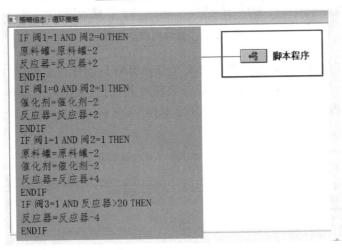

图 5.1.9 脚本程序

　　循环策略的循环时间设置为 500 ms。接下来还要完成搅拌机转动属性的设置。在运行策略窗口当中，点击新建策略，新建两个循环策略。一个循环策略(策略 1)负责搅拌机的转动，另外一个循环策略(策略 2)用于设定搅拌机的转动时间，如图 5.1.10 所示。

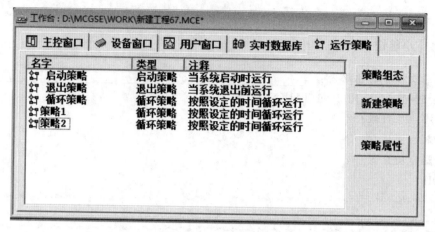

图 5.1.10　新建策略

打开策略 1,增加一个策略行。这个策略负责的是让搅拌机转动起来。策略行的条件设置为开始"搅拌"。策略行执行数据对象操作,双击数据对象操作,设置搅拌机等于"NOT 搅拌机"。这样设置的目的是让搅拌机这个数据对象按照循环时间在 0,1 之间变化,实现搅拌的动画效果。循环时间设置为 50 ms,修改策略 1 的名称,将其改为"搅拌器",如图 5.1.11 所示。

图 5.1.11　搅拌机转动策略

策略 2 用来控制搅拌机转动的工作时间。打开策略 2,新建两个策略行。第一个策略行的执行条件设置为"开始搅拌"。策略行执行数据对象操作,数据对象操作设置为时间等于"时间＋1"。这样设置的目的是,当按下"开始搅拌"按钮时,搅拌时间这个数据对象会按照循环时间自动加 1。如图 5.1.12 所示。

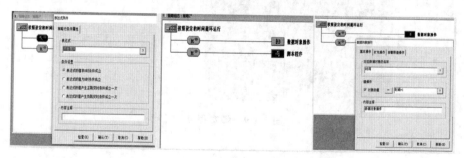

图 5.1.12　搅拌机转动时间设置

执行条件设置为当"搅拌时间＝时间",策略行操作为执行脚本程序,输入"开始搅拌＝0,时间＝0",如图 5.1.13 所示。

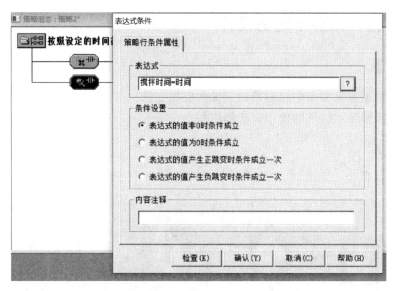

图 5.1.13 策略条件的设置

打开策略 2 属性设置对话框,将策略循环时间设置为 1000 ms,策略名称修改为"搅拌时间",如图 5.1.14 所示。

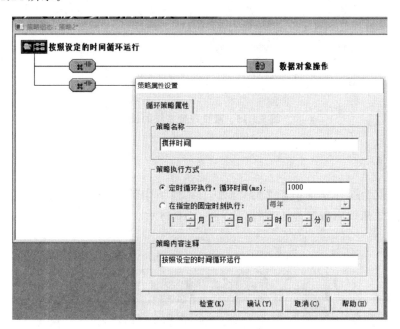

图 5.1.14 设置策略时间

下载工程,进入模拟运行环境。当点击"注满"标准按钮时原料罐被加满,打开阀门 1,原料罐当中的液体在减少,反应器当中的液体在增加,打开阀门 2,催化剂罐中的液体在减少,反应器当中的液体在增加。设置搅拌时间为 3 s。点击"开始搅拌"按钮,搅拌机转动 3 s 后停止传动,打开阀门 3,反应器当中的液体在逐渐减少。

液体混合搅拌系统操作视频

5.1.2 液位报警系统的设计

【学习目标】

（1）掌握数据对象类型中组对象的定义和使用方法；
（2）掌握报警显示构件的使用方法和应用。

【任务描述】

当容器液位低于一定值时，系统开始报警，如图 5.1.15 所示。

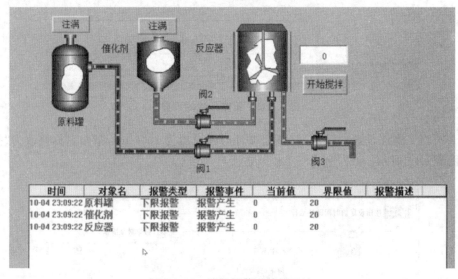

图 5.1.15 液位报警系统的设计

【设计过程】

打开液体混合搅拌系统组态工程，选中工具箱当中的报警显示构件。在用户窗口空白处拖拽出报警显示构件，如图 5.1.16 所示。

液位报警系统
动画演示

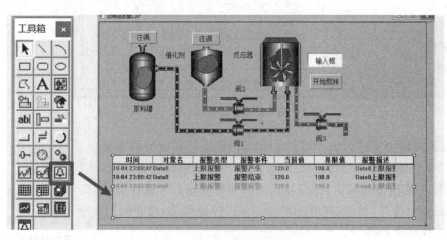

图 5.1.16 放置报警显示构件

回到实时数据库,建立一个名为"液位组"的数据对象,对象类型选择"组对象",如图 5.1.17 所示。

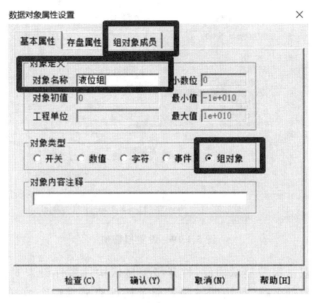

图 5.1.17 建立数据对象

双击打开液位组数据对象的属性设置对话框,在组对象成员当中增加"催化剂"、"反应器"和"原料罐",如图 5.1.18 所示。

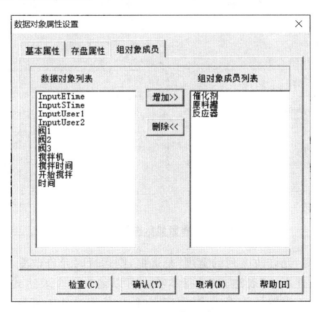

图 5.1.18 数据对象属性设置

在实时数据库中双击名为原料罐的数据对象,在报警属性当中,勾选"允许进行报警处理"选项,报警设置为"下限报警",报警值选择"20",当然这个报警值也可以根据实际应用来进行设置,如图 5.1.19 所示。以同样的方法,将催化剂及反应器的报警值设定为 20。

图 5.1.19　设置报警值

回到用户窗口,双击报警显示构件,打开报警显示构件属性设置对话框,如图 5.1.20 所示。"对应的数据对象的名称"是指明本报警显示构件要显示哪个数据对象的报警信息,当设置为一个组对象时,则把组对象所有成员运行时的报警信息都显示出来。"报警显示颜色"用来指定报警时颜色、正常时颜色和应答后颜色。"最大记录次数"是用来设置报警显示构件最多能记录的报警信息的个数。报警信息的个数超过指定个数时,MCGS 将删掉过时的报警信息。如果设为 0 或不设置,MCGS 嵌入版将设定上限为 2000 个报警信息。

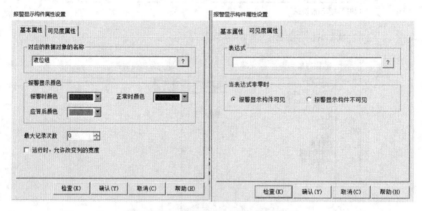

图 5.1.20　报警显示构件属性设置

如果选中"运行时,允许改变列的宽度"复选框,则运行时允许改变报警显示构件显示列的宽度。在可见度属性页中"表达式"是指本项中可以输入一个表达式,用表达式的值来控制构件的可见度。如不设置任何表达式,则运行时,构件始终处于可见状态。当表达式非零时:本项指定表达式的值和构件可见度的对应关系。

在本任务中,报警显示构件基本属性页中与"液位组"这个数据对象相关联,其他选择默认值。这样报警显示构件就会显示出"液位组"当中的各个成员的报警信息,由于只设置了下限报警,如果"液位组"当中的成员数值在 20 以下时,报警显示构件可显示出报警信息,提示用户当前已经达到下限,需要进行液体加注。

反应器里的液位容量应大于原料罐和催化剂罐里的液位容量。双击反应器图片打开其单元属性设置对话框,在动画连接中,选择大小变化,点击">"标志符号,进入动画组态属性设置界面,将反应器最大变化百分比对应的表达式的值设置为 200 即可,如图 5.1.21 所示。

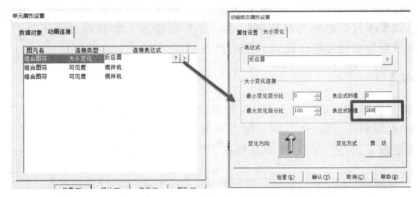

图 5.1.21 设置反应器数值

下载工程并进入模拟运行环境,可以看到,在系统初始状态下,"原料罐"和"催化剂"的数值为 0,"反应器"的数值也为 0,那么报警显示构件产生了下限报警,显示报警的时间、当前值与界限值。当点击"注满"按钮后,报警显示构件会提示报警结束,当前值为 100。

液位报警系统
操作视频

5.1.3 可预设报警

【学习目标】

(1) 掌握如何来设定数据对象的报警值;
(2) 掌握数据对象报警值设定函数的使用方法;
(3) 掌握组态软件报警构件的使用方法。

【任务描述】

可设定报警下限值,当容器液位低于一定值时,开始报警,如图 5.1.22 所示。

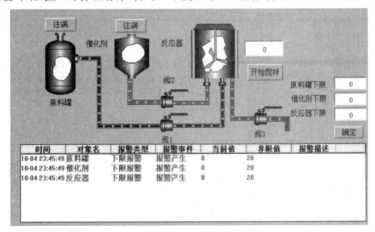

图 5.1.22 可预设报警

　　MCGS嵌入版组态软件中报警构件主要的作用是可以对数据对象进行报警值的设定。当该数据对象内部的数值达到报警限值时,报警构件将显示该数据对象的报警信息。这里面这个数据对象的报警值是固定的,是在组态软件工程当中设定好的。在实际工程应用中,如果用户需要对报警值进行更改,这就要求我们能够为操作者提供一个在触摸屏上面修改报警值的空间,要求数据对象的报警值是可以随时改变的。

可预设报警
系统动画演示

【设计过程】

　　打开液体混合搅拌系统组态工程,在屏幕的空白处,用输入框构件画出三个输入框,构件分别对应的是原料罐下限、催化剂下限以及反应器下限,再设计一个名为“确定”的标准按钮,它的作用是按下“确定”按钮,形成新的报警值,如图5.1.23所示。

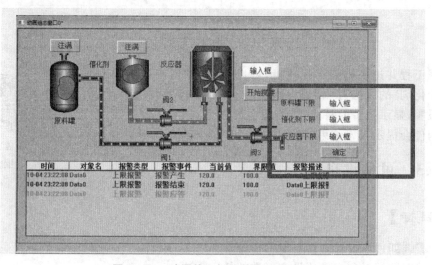

图 5.1.23　放置输入框构件和标准按钮

　　打开实时数据库,建立三个数值型的数据对象,分别为“原料罐下限”、“催化剂下限”以及“反应器下限”,如图5.1.24所示。

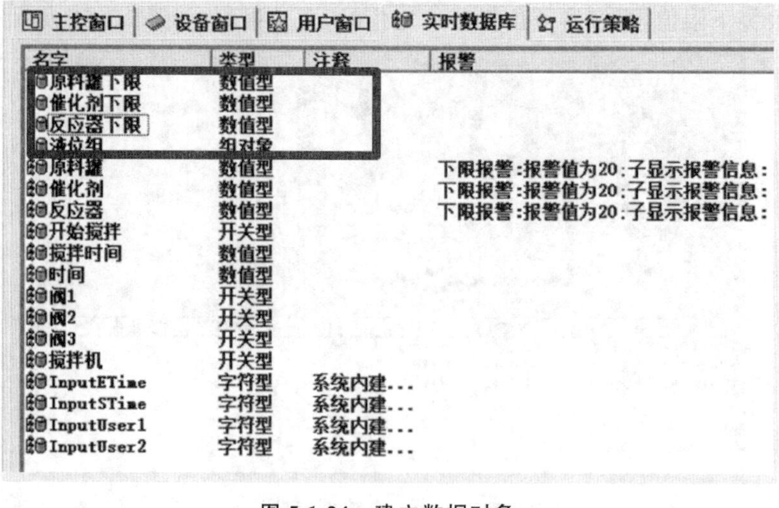

图 5.1.24　建立数据对象

回到用户窗口,将名为"原料罐下限"的输入框与"原料罐下限"这个数据对象相关联,将名为"催化剂下限"的输入框与"催化剂下限"这个数据对象相关联,如图 5.1.25 所示。

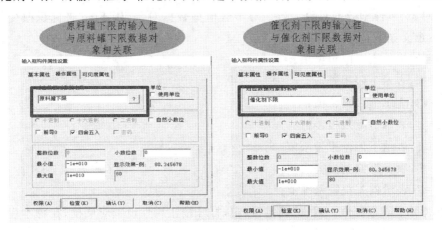

图 5.1.25 原料罐下限和催化剂下限关联数据对象

将名为"反应器下限"的输入框与"反应器下限"这个数据对象相关联,如图 5.1.26 所示。这样通过三个输入框输入的报警下限值就会存到相应的数据对象当中。

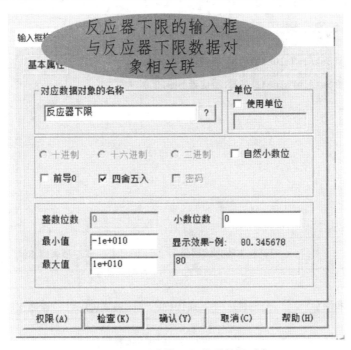

图 5.1.26 反应器下限关联数据对象

>>→ 小笔记 . . . . . .

设定报警数值需要利用到"设定报警值"系统函数:! SetAlmValue (DatName,Value,Flag)。

"设定报警值"系统函数的意义是设置数据对象对应的报警限值,只有在数据对象"允许进行报警处理"的属性及报警设置被选中后,函数的操作才有意义。该函数对组对象、字符型数据对象、事件型数据对象无效。对于数值型数据对象,用 Flag 来标识改变何种报警限值,具体意义如下:

Flag=1,表示下下限报警值;

Flag=2,表示下限报警值;

Flag=3,表示上限报警值;

Flag=4,表示上上限报警值;

Flag=5,表示下偏差报警限值;

Flag=6,表示上偏差报警限值;

Flag=7,表示偏差报警基准值。

这里选择下限报警值。双击"确定"按钮,打开按钮属性设置对话框,在脚本程序中输入脚本程序,如图 5.1.27 所示。

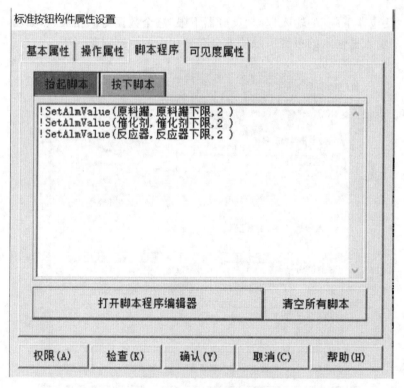

图 5.1.27　脚本程序设置

在输入脚本程序的过程中,可以打开脚本编辑器,找到系统函数中数据对象操作,找到 SetAlmValue 这个函数。当鼠标放置在这个函数上面会显示出这个函数的主要作用,设置数据对象的报警限值,如果不知道如何来使用这个函数,可以点击"帮助"在索引当中查找这个函数的用法。

点击工程下载并进入模拟运行环境。

可预设报警
系统操作视频

◀ 5.2 曲线总比直线美——曲线显示 ▶

5.2.1 实时曲线

实时曲线构件是用曲线显示一个或多个数据对象值的动画图形,像笔绘记录仪一样实时记录数据对象值的变化情况。实时曲线构件可以用绝对时间作为横轴标度,此时,构件显示的是数据对象的值与时间的函数关系。实时曲线构件也可以使用相对时钟作为横轴标度,此时,需要指定一个表达式来表示相对时钟,构件显示的是数据对象的值相对于此表达式值的函数关系。在相对时钟方式下,可以指定一个数据对象为横轴标度,从而记录一个数据对象相对于另一个数据对象的变化曲线。

【学习目标】

(1)掌握实时曲线构件的使用方法;
(2)掌握多个窗口之间的切换方法。

【任务描述】

系统能够实时反映出三个容器的液位变化状态。

打开液体混合搅拌系统组态工程,在窗口 0 中建立一个名为"查看数据"的标准按钮,如图 5.2.1 所示。这个按钮的作用是当按下此按钮,可以打开实时曲线窗口。

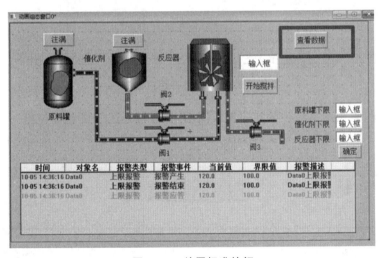

图 5.2.1 放置标准按钮

【设计过程】

建立另外一个窗口,用来绘制实时曲线构件。回到组态软件的工作台,在用户窗口当中,点击新建窗口,新建"窗口 1",如图 5.2.2 所示。

回到窗口 0,点击"查看数据"标准按钮设置其操作属性,将"打开用户窗口"勾选上,选择"窗口 1",此时当点击"查看数据"这个按钮时,会将"窗口 1"打开。如图 5.2.3 所示。

曲线显示构件
动画演示

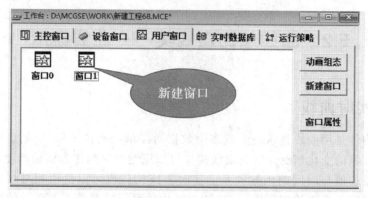

图 5.2.2　新建窗口

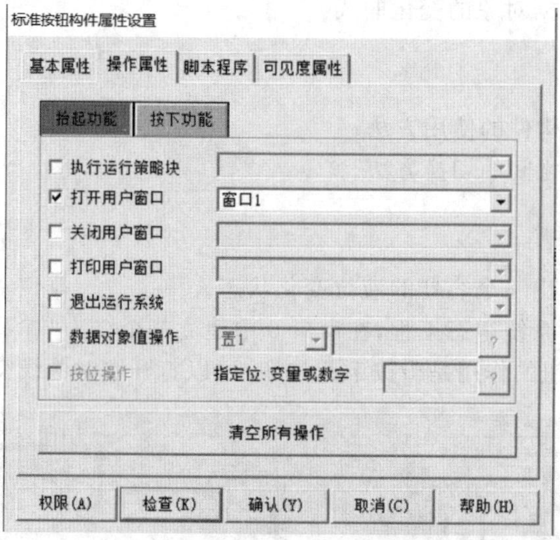

图 5.2.3　勾选打开用户窗口

在窗口 1 中,点击工具箱中的实时曲线图标,在屏幕合适的位置拖拽出一个大小合适的实时曲线构件,利用标签构件在实时曲线构件上方写上"实时曲线",如图 5.2.4 所示。

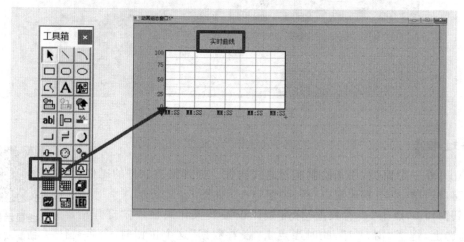

图 5.2.4　放置实时曲线

小笔记 ……

实时曲线构件包括__________、__________、__________和__________四个属性页。

双击实时曲线构件，弹出构件的属性设置对话框。

在基本属性页中背景网格用来设置坐标网格的数目、颜色、线型。在标注属性页中，X 轴标注用于设置 X 轴的标注颜色、标注间隔、时间格式、时间单位和 X 轴长度。Y 轴标注用于设置 Y 轴的标注颜色、标注间隔、小数位数和 Y 轴坐标的最小值、最大值以及标注字体；选中“不显示 Y 轴坐标标注”复选框，将不显示 Y 轴的标注文字。在本任务中 X 轴的标注时间单位选择秒钟，如果显示分钟的话，那么需要每隔一分钟才能看到这个曲线的变化，大家在实际使用当中，可以设置为分钟或者秒钟，标注间隔设置为 1。Y 轴标注小数位数为 0，最小值为 0.0，最大值为 200，这个 200 就是指数据对象的最大值，如图 5.2.5 所示。

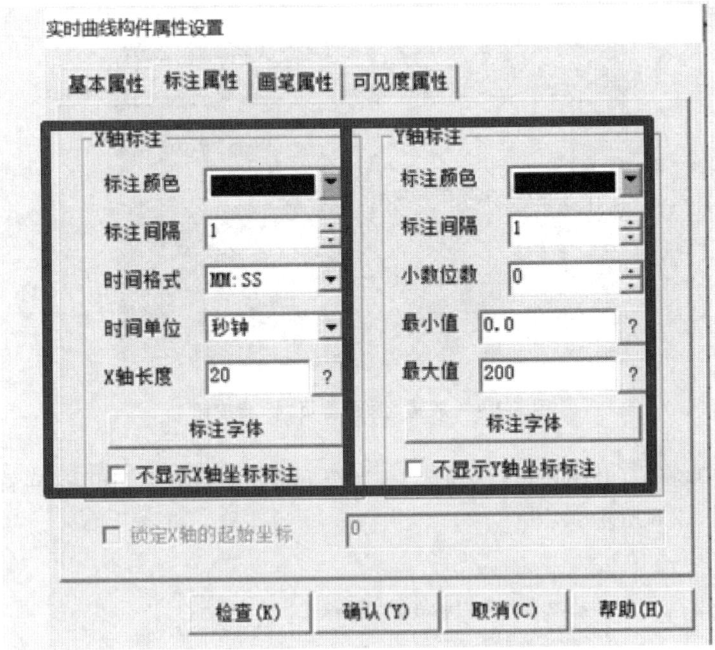

图 5.2.5　标注属性设置

在画笔属性页中，一条曲线相当于一支画笔，一个实时曲线构件最多可同时显示 6 条曲线。除需要设置每条曲线的颜色和线型以外，还需要设置曲线对应的表达式，该表达式的实时值将作为曲线的 Y 坐标值。可以按表达式的规则建立一个复杂的表达式，也可以只简单地指定一个数据对象作为表达式。

本任务中，实时曲线同时显示三条曲线，曲线 1 关联的数据对象为原料罐，颜色为蓝色；曲线 2 关联的数据对象为催化剂，颜色为绿色；曲线 3 关联的数据对象为反应器，颜色为红色。设置完毕之后，点击“确认”。如图 5.2.6 所示。

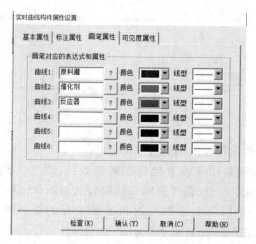

图 5.2.6 画笔属性设置

在窗口 1 中放置名为"返回首页"的标准按钮,如图 5.2.7 所示。下面对这个标准按钮进行属性设置。

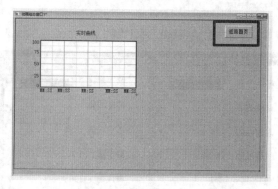

图 5.2.7 放置"返回首页"标准按钮

在操作属性中,将"打开用户窗口"勾选上,当按下按钮时打开窗口 0,这样就可以实现两个窗口的切换,如图 5.2.8 所示。

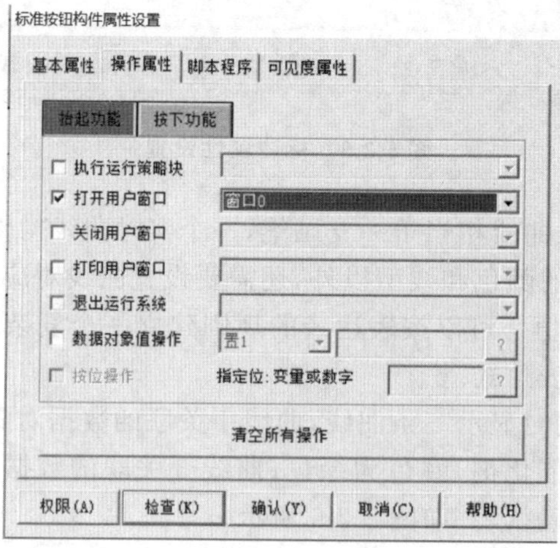

图 5.2.8 设置打开窗口 0

下载工程并进入模拟运行环境。

5.2.2　历史曲线

曲线显示构件
操作视频

历史曲线,就是将历史存盘数据从数据库中读出,以时间单位为 X 轴、记录值为 Y 轴,进行曲线绘制。历史曲线主要用于事后查看数据分布和状态变化趋势以及总结信号变化规律。历史曲线与实时曲线不同,实时曲线是用来查看当前时刻系统数据;历史曲线是用来查看之前系统的数据。历史曲线构件实现了历史数据的曲线浏览功能。运行时,历史曲线构件能够根据需要画出相应历史数据的趋势效果图,对于历史数据的变化有一个很好的体现和描述。在工程实际应用当中,通过查看历史曲线可以非常直观地总结和掌握系统的控制策略和工作状态,及时调整控制方案与控制策略。

【学习目标】

(1) 掌握历史曲线构件的使用方法;
(2) 理解历史曲线构件属性设置中各参数的含义。

【任务描述】

能够显示出液体混合搅拌系统各容器液位历史变化曲线。

【设计过程】

历史曲线构件
动画演示

打开液体混合搅拌系统组态工程。把历史曲线和实时曲线都放置在窗口 1 当中。点击左侧工具箱中历史曲线图标,鼠标变为十字形,在窗口 1 合适的位置拖拽出大小合适的历史曲线构件,如图 5.2.9 所示。

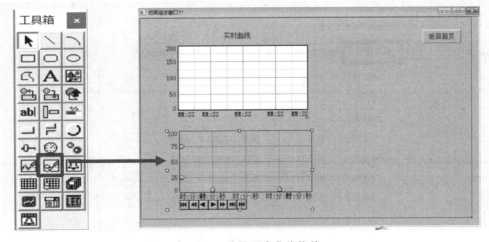

图 5.2.9　放置历史曲线构件

回到实时数据库,双击液位组图标,将数据对象值的存盘方式选择为定时存盘,存盘周期为了演示方便,设定为 1 秒。在实际使用当中,大家可以根据实际工程项目的要求,设置存盘时间,如图 5.2.10 所示。

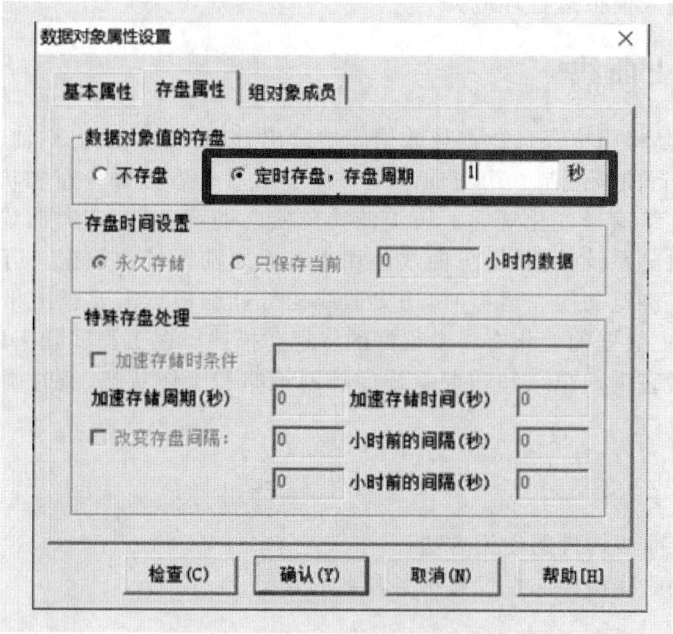

图 5.2.10　液位组属性设置

　　设置完毕后，回到窗口1，双击历史曲线构件，打开历史曲线构件属性设置对话框。在基本属性页中，需要设置曲线名称、曲线网格、曲线背景等。曲线名称是用户窗口中所组态的历史趋势曲线的唯一标识。历史趋势曲线属性和方法的调用都必须引用此曲线名称。曲线网格中罗列了 X 轴和 Y 轴主划线和次划线的数目、颜色和线型。如使用 X 主划线数目为4，则在历史趋势曲线中，纵向划出3根主划线，把整个 X 轴等分为4个部分。使用 X 次划线数目为2，则每个主划线区域被一根次划线等分为两个部分。Y 轴同理。如图 5.2.11 所示。

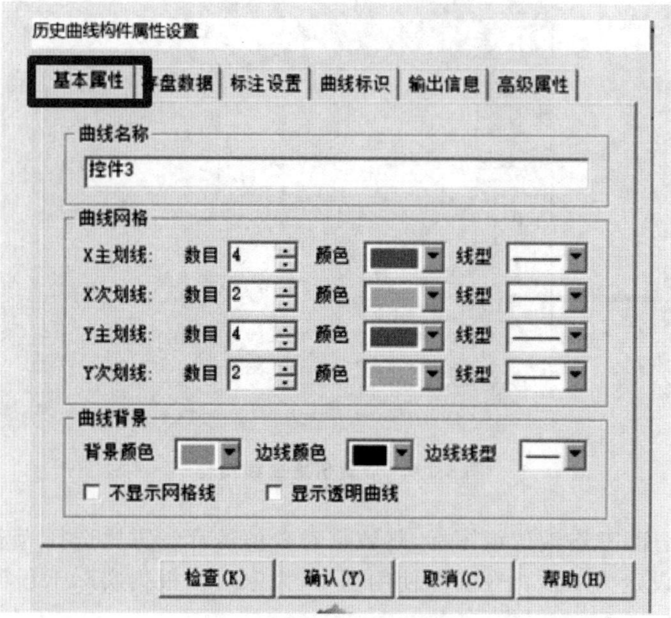

图 5.2.11　历史曲线构件的基本属性

在存盘数据页中,组态历史趋势曲线的数据源只可以选择使用 MCGS 的存盘组对象产生的数据。"组对象对应的存盘数据"这一选项可以在下拉框中选择一个具有存盘属性的组对象,MCGS 会自动在下拉框中列出所有具有存盘属性的组对象。在本任务中选择"液位组",只有组对象才有存盘的功能。如图 5.2.12 所示。

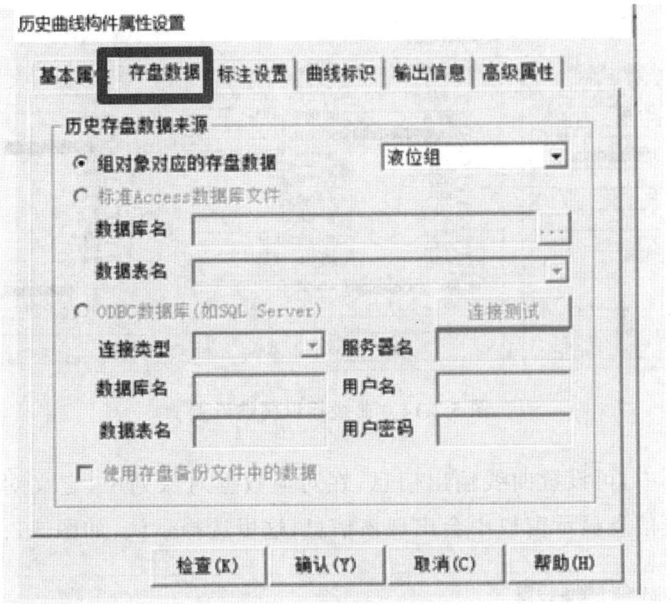

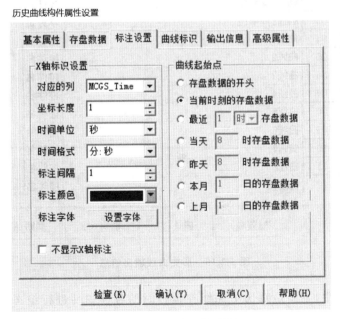

图 5.2.12 存盘数据属性设置

标注设置页主要用来设置 X 轴标识和曲线起始点,"X 轴标识设置"这一选项可以设置对应的列、坐标长度、时间单位、时间格式、标注间隔、标注颜色以及标注字体,如图 5.2.13 所示。

图 5.2.13 标注属性设置

曲线标识页中可以设置曲线内容、曲线线型、曲线颜色、最大坐标、最小坐标和实时刷新等,同时也可以设置标注颜色、标注字体和标注间隔;"不显示 Y 轴标注"这一选项,可以用来设置 Y 轴标注的可见度。根据本任务的要求,将曲线 1、曲线 2、曲线 3 对应设置为原料罐、催化剂、反应器并设置相应颜色及坐标值,如图 5.2.14 所示。

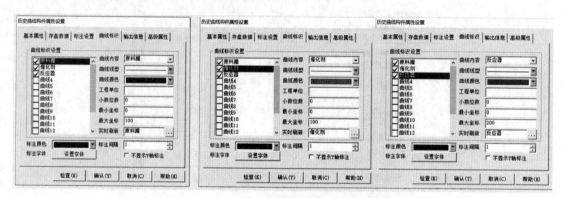

图 5.2.14　曲线标识属性设置

在输出信息页中,可设置曲线输出信息,在对应数据对象列中,定义对象和曲线输出信息相连接。在曲线信息显示窗口中会出现该信息,这里选择默认,如图 5.2.15 所示。

序号	曲线输出信息	对应数据对象	类型
01	X轴起始时间		字符型
02	X轴时间长度		控件名
03	X轴时间单位		字符型
04	曲线1		控件名
05	曲线2		控件名
06	曲线3		控件名
07	曲线4		控件名
08	曲线5		控件名
09	曲线6		控件名
10	曲线7		控件名
11	曲线8		控件名
12	曲线9		控件名

检查(K)　确认(Y)　取消(C)　帮助(H)

图 5.2.15　历史曲线输出信息

在高级属性页中,主要是对历史曲线在运行时的各种属性进行组态设置,如图 5.2.16 所示。

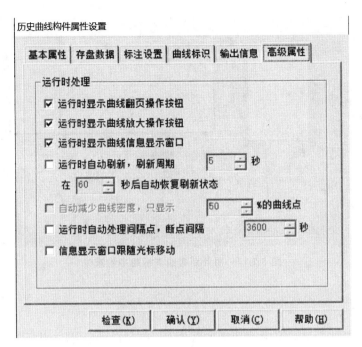

图 5.2.16 高级属性设置

当设置完毕之后,点击"确认"键。然后下载工程并进入模拟运行环境,可以点击对应的图标来选择查看历史曲线的时间。

历史曲线构件
操作视频

5.2.3 计划曲线

在制造领域,计划曲线可以用来监视或者控制生产一件产品时某些设备参数的变化。例如:一个水位控制系统需要对储水罐中的水位进行控制,而这个控制过程中水位的变化就是一条曲线。通过计划曲线构件,用户就可以控制和监视储水罐中水位的变化。不同时间段储水罐中所需要的水位高低是有区别的,用户可以从多个水位曲线中选择一条曲线以适应不同需求。MCGS嵌入版组态软件中每条计划曲线构件只可以控制一个输出变量,但能够添加多个分段点配方。用户可以在组态环境下设置计划曲线的基本参数;用户在运行环境下可以随时启动或者停止计划曲线的运行,也可以切换到(使用)其他分段点配方,此外还可以使用计划曲线脚本函数让控制过程自动化,或实现复杂的功能。每个分段点配方就是一条预设置好的曲线,选择不同的分段点配方,计划曲线构件就会按照不同的设置来控制输出。

【学习目标】

掌握计划曲线的使用方法。

【任务描述】

如图 5.2.17 所示,用计划曲线表示罐中的液位。

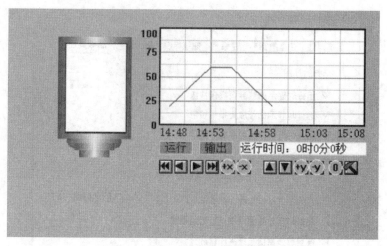

图 5.2.17　用计划曲线表示罐中的液位

【设计过程】

计划曲线构件
动画演示

在用户窗口中点击工具箱中的计划曲线图标，在窗口的合适位置拖拽出一个计划曲线图形，如图 5.2.18 所示。

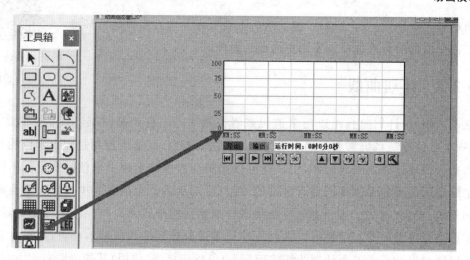

图 5.2.18　放置计划曲线

为了方便查看计划曲线对输出的控制作用，再增加一个储存罐，如图 5.2.19 所示。在实时数据库当中建立一个名为"液位"的数值型数据对象。

双击计划曲线，打开计划曲线构件的属性设置对话框，在基本属性页中，主要是设置曲线的背景外观，曲线的类型有两种，一种是绝对时钟趋势曲线，另一种是相对时钟趋势曲线。计划曲线都有一个起始点，它是计划曲线开始运行的起点，当用户通过按钮或脚本启动计划曲线后，在计划曲线的横坐标会显示曲线运行的时间。选用"绝对时钟趋势曲线"时，横坐标显示的是从计划曲线启动以来的绝对时间，显示的格式由"时间格式"和"时间单位"决定。选用"相对时钟趋势曲线"时，横坐标显示的是相对计划曲线启动的时间偏移，显示的格式也由"时间格式"和"时间单位"决定。这里选择"绝对时钟趋势曲线"，如图 5.2.20 所示。

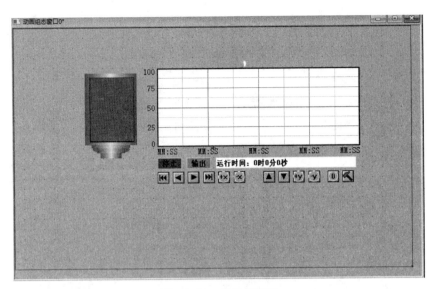

图 5.2.19　放置储存罐

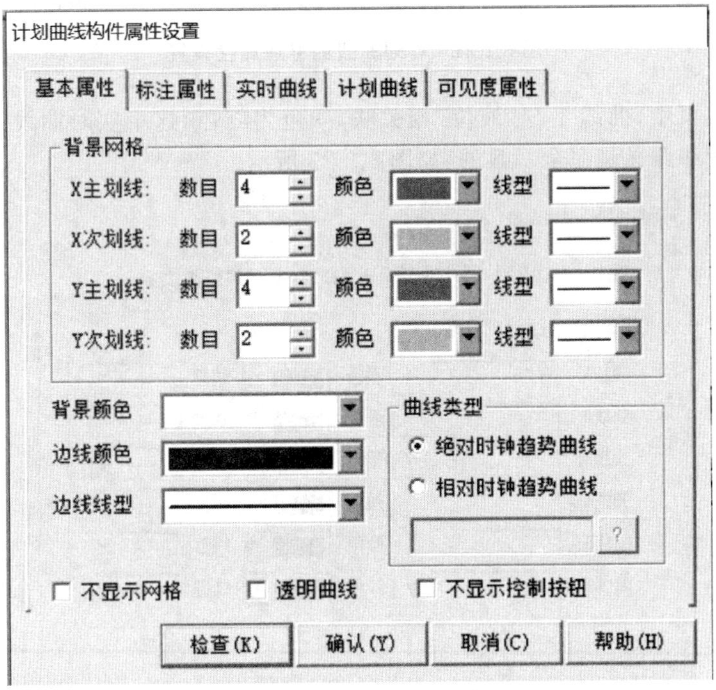

图 5.2.20　计划曲线构件的基本属性设置

在标注属性页中，主要是完成这个曲线 X 轴和 Y 轴的标注设置。其中，这里面的"时间单位"和"时间格式"表示在曲线中横坐标显示时间的方式，在绝对时钟和相对时钟下显示的格式是有区别的。它们与分段点设置中的"时间单位"也有区别，分段点设置中的"时间单位"表示的是内部实际时间，而此处的"时间单位"和"时间格式"表示的是显示时间。为了显示效果，X 轴的时间单位设置为"秒钟"，标注间隔设置为"1"，Y 轴标注最大值设置为"100.0"，最小值设置为"0.0"，如图 5.2.21 所示。

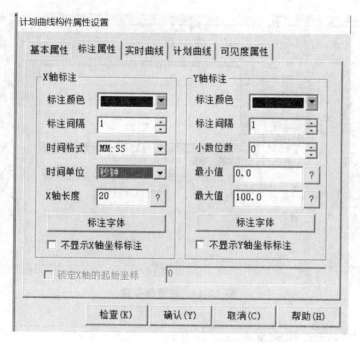

图 5.2.21　计划曲线的标注属性设置

在实时曲线页中,曲线1与"液位"相关联,颜色为红色,这个实时曲线的设置与之前的实时曲线的设置和意义是完全一致的,如图5.2.22所示。

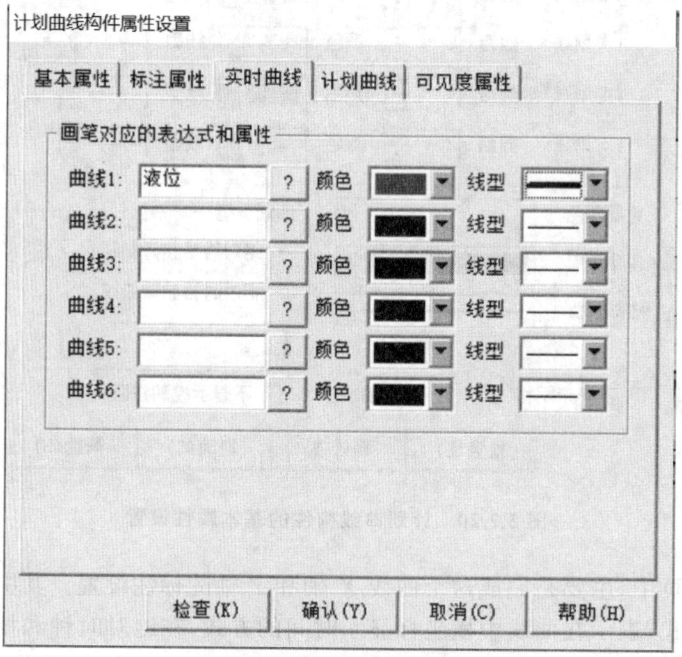

图 5.2.22　实时曲线设置

在计划曲线页中,上/下偏差设置并不会影响计划曲线的控制,只是在画面上显示上/下偏差线,方便用户查看。上偏差线是由计划曲线的每一点放大一个系数,即"上偏差系数"形成的;下偏差线是由计划曲线的每一点缩小一个系数,即"下偏差系数"形成的。计划曲线中所有的分段点配方共用一个"上偏差系数"和"下偏差系数"。除了可以绘制上/下偏差线,还可以绘制上/下限线,上/下限设置也不会影响计划曲线的控制。这两条线是水平线段,用于标识最大值和最小值。计划曲线中所有的分段点配方共用一个"上限线值"和"下限线值"。输出变量就是计划曲线运行时要改变的数据对象。当计划曲线启动后,计划曲线构件会根据当前选用的分段点配方,计算出数据对象的当前值,并输出到数据对象中。将输出变量与"液位"这个数据对象相关联,如图 5.2.23 所示。

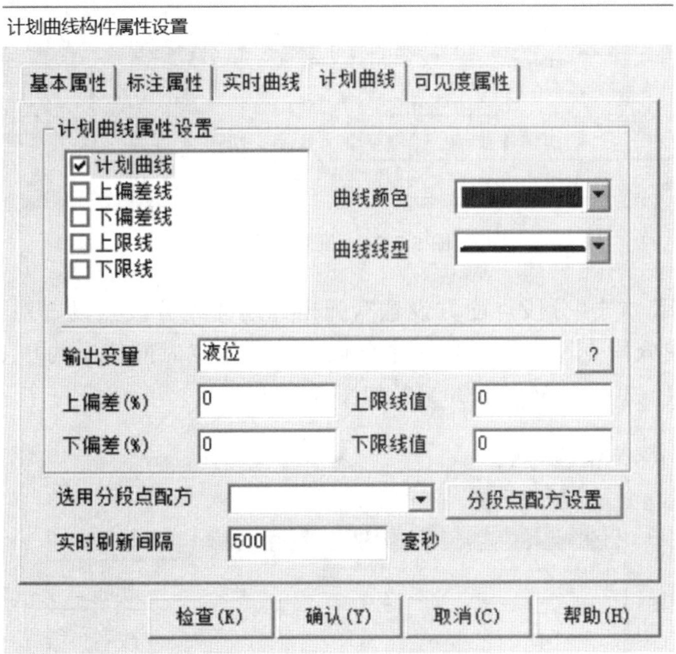

图 5.2.23　计划曲线设置

　　在实际应用时,必须根据具体的控制要求和控制设备,决定是否需要输出变量。如果计划曲线只是用作监视,则不需要输出变量;如果计划曲线需要即时改变控制设备的当前值,则需要定义输出变量。计划曲线中所有的分段点配方共用一个"输出变量"。实时刷新间隔决定了计划曲线构件计算数据对象值并输出的时间间隔。例如设置实时刷新间隔为 1000 毫秒,那么每隔 1000 毫秒,计划曲线构件才会计算一次数值并输出。要注意的是这个间隔不会影响曲线画面的刷新。曲线画面的刷新是根据曲线图的 X 轴单位和间隔等参数计算出来的。

　　在 MCGS 计划曲线构件中,每个分段点配方的时间设置有两种模式:一种是"以启动点为基准",另一种是"以前一分段点为基准"。使用"以启动点为基准",每个分段点的时间设置都是绝对值,如果设置成 10 分钟,那么这个分段点在曲线时间轴上的位置就是第 10 分钟的地方。而使用"以前一分段点为基准",每个分段点的时间设置都是相对于前一个分段点在曲线时间轴上的位置。例如第一个分段点的时间设置是 5 分钟,第二个分段点的时间设置是 5 分钟。那么第一个分段点在曲线时间轴上的位置就是第 5 分钟的地方,第二个分段点在曲线时间轴上的位置就是第 10 分钟的地方。依次类推,第三个分段点如果时间设置是 15 分钟,那么在曲线时间轴上的位置就是第 25 分钟的地方。除了时间计算设置外,还可以设置时间的单位,例如秒或者分等,如图 5.2.24 所示。

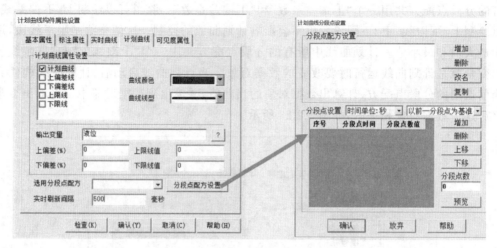

图 5.2.24 设置分段点

设置完毕之后,点击"分段点配方设置",弹出计划曲线分段点设置对话框,增加一个名为"A"的配方。在分段点设置中增加 7 个分段点。分段点时间依次为 1、3、4、5、7、9、11;分段点数值依次为 10、20、30、50、50、20、10,如图 5.2.25 所示。

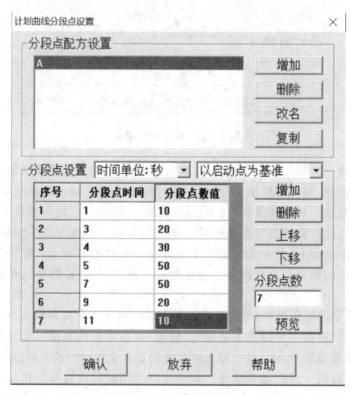

图 5.2.25 分段点配方设置

双击储存罐,打开储存罐属性设置对话框,将其"大小变化"与"液位"相关联,如图 5.2.26 所示。

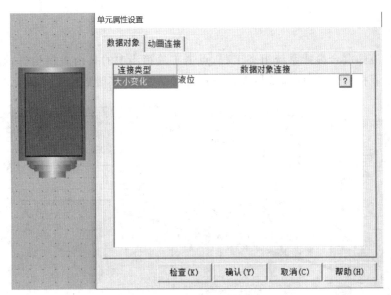

图 5.2.26 储存罐数据对象的关联

计划曲线构件
操作视频

下载工程并进入模拟运行环境,则在模拟运行环境当中,可以对 X 轴或 Y 轴进行放大与缩小,储存罐的液位会按照刚才设定的计划曲线的设定值变化,实时曲线会沿着计划曲线完成相应的输出动作。

◀ 5.3 报 表 ▶

5.3.1 自由表格

【学习目标】

掌握自由表格构件的使用方法。

【任务描述】

把三个容器的实时数据用表格显示出来。

自由表格构件
动画演示

在工程应用中,大多数监控系统需要对设备采集的数据进行存盘,统计分析,并根据实际情况打印出数据报表。所谓数据报表就是根据实际需要以一定格式将统计分析后的数据记录显示和打印出来,如:实时数据报表、历史数据报表(班报表、日报表、月报表等)。数据报表在工控系统中是必不可少的一部分,是数据显示、查询、分析、统计、打印的最终体现,是整个工控系统的最终结果输出;数据报表是对生产过程中系统监控对象状态的综合记录和规律总结。

本节通过液体混合搅拌系统完成实时报表输出。将原料罐、催化剂、反应器三个容器中的实时数据,以报表形式呈现出来。

【设计过程】

首先打开液体混合搅拌系统组态工程,点击工具箱当中的自由表格构件,在屏幕上拖拽出相应的自由表格构件,利用标签控件在表格的题头写上"实时数据",如图 5.3.1 所示。

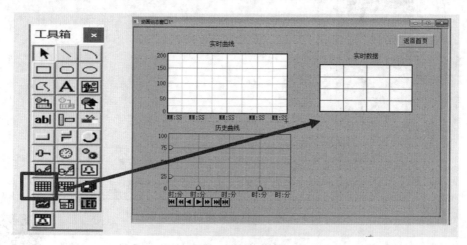

图 5.3.1　放置自由表格

双击自由表格构件,进入表格编辑模式。在表格编辑模式下,可对表格构件进行各种编辑工作,包括增加或删除表格的行和列,改变表格表元的高度和宽度,输入表格的内容,如图5.3.2 所示。

	A	B	C	D
1	容器	数值		
2	原料罐	1|0		
3	催化剂	1|0		
4	反应器	1|0		

图 5.3.2　输入表格内容

选择"表格"菜单的"连接"命令,可使表格在编辑模式和连接模式之间进行切换。

在表格的连接模式下,表格的行号和列号后面加星号("＊"),用户可以在表格表元中填写数据对象的名称,以建立表格表元和实时数据库中数据对象的连接。可以和表格表元建立连接的包括数值型、字符型、开关型和事件型四种数据对象。运行时,MCGS嵌入版组态软件将把数据对象的值显示在对应连接的表格表元中。在表格的编辑模式下,用户可以直接在表格表元中填写字符,如果没有建立此表格表元与数据对象的连接,则运行时,这些字符将直接显示出来。如果建立了此表格表元与数据对象的连接,运行时,MCGS 将依据如下规则,把这些字符解释为对应连接的数据对象的格式化字符串:当连接的数据对象是数值型

时,格式化字符串应写成"数字 1 | 数字 2"的样式。在这里,"数字 1"指的是输出的数值应该具有小数位的位数,"数字 2"指的是输出的字符串后面,应该带有的空格个数,在这两个数字的中间,用符号"丨"分开。把鼠标指针移到 A 与 B 或 1 与 2 之间,当鼠标指针呈分隔线形状时,拖动鼠标至所需大小即可。在 A 列 1～4 行依次输入容器、原料罐、催化剂、反应器;在 B 列 1～4 行分别输入数值。1丨0 用于格式化表格输出,表示输出的数据有 1 位小数,无空格。

在表格上点击鼠标右键,在弹出的菜单中选择"连接",进入连接模式,如图 5.3.3 所示。

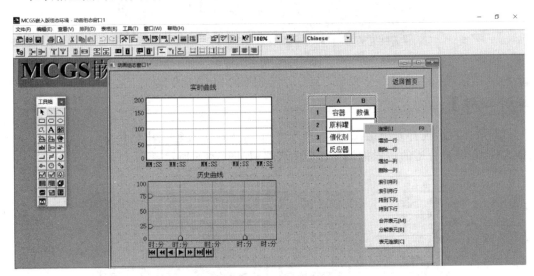

图 5.3.3 连接模式

再次单击鼠标右键,弹出数据对象列表,双击数据对象"原料罐",B 列 2 行单元格所显示的数值即为"原料罐"的数据。

下载工程并进入模拟运行环境。可以看到,这三个容器中的数值在实时地发生变化,以更加直观的形式显示出来。

自由表格构件
操作视频

5.3.2 历史表格

历史表格构件实现了强大的报表和统计功能。历史表格构件可以显示静态数据、实时数据库的动态数据、历史数据库中的历史记录和统计结果,可以很方便、快捷地完成各种报表的显示、统计和打印;在历史表格构件中,内建了数据库查询功能和数据统计功能,可以很轻松地完成各种查询和统计任务。

【学习目标】

(1)掌握历史表格构件的使用方法;
(2)理解历史表格构件的属性设置。

【任务描述】

如图 5.3.4 所示,可按时间查询三个数据对象的历史数值。

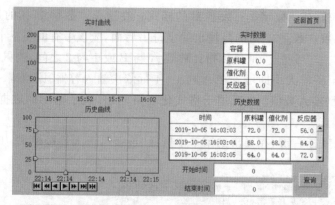

图 5.3.4　历史表格

【设计过程】

打开液体混合搅拌系统组态工程,打开窗口 1,选择工具箱当中的历史表格构件,在屏幕合适的位置拖拽出相应的表格,如图 5.3.5 所示。

历史表格构件
动画演示

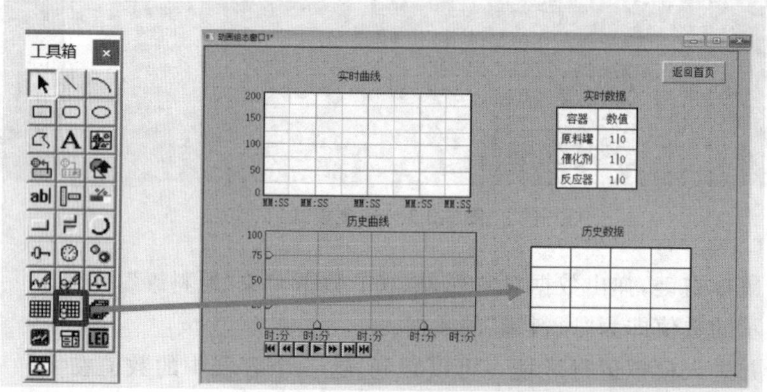

图 5.3.5　放置历史表格

双击该表格,在表格中输入时间、原料罐、催化剂、反应器。如果想调整表格的大小,调整方法和 Windows 下的 Excel 调整表格大小的方法是一样的。在时间这一列,输入年一月一日,小时:分钟:秒,这是对显示时间的格式化。在后面这几列输入 1|0,表示格式化表格输出,当前数据保留一位小数,结尾没有空格,如图 5.3.6 所示。

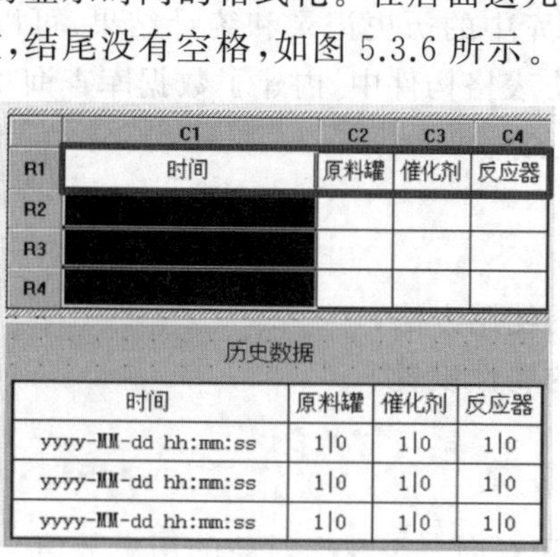

	C1	C2	C3	C4
R1	时间	原料罐	催化剂	反应器
R2				
R3				
R4				

历史数据

时间	原料罐	催化剂	反应器
yyyy-MM-dd hh:mm:ss	1|0	1|0	1|0
yyyy-MM-dd hh:mm:ss	1|0	1|0	1|0
yyyy-MM-dd hh:mm:ss	1|0	1|0	1|0

图 5.3.6　输入内容

输入完毕之后在表格中任意位置点击鼠标右键,点击"连接",进入到连接属性设置界面,如图 5.3.7 所示。

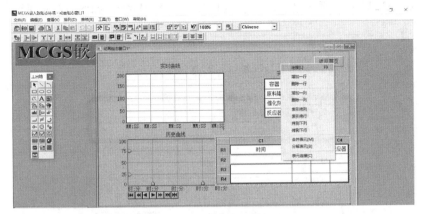

图 5.3.7　连接属性设置

将 R1*、R2*、R3*、R4* 的所有表格选中,点击菜单栏"表格"下的"合并表元",如图 5.3.8 所示。

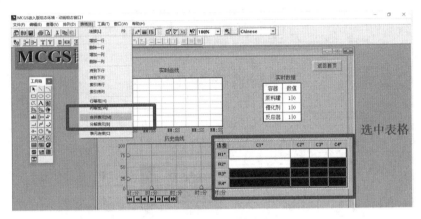

图 5.3.8　合并表元

这时,会看到选中的表格有四十五度斜杠,双击阴影部分进入数据库连接设置界面,这里面表示阴影部分要显示的内容。在基本属性当中,连接方式选择"在指定的表格单元内,显示满足条件的数据记录",将按照从上到下的方式填充数据行和显示多页记录,如图 5.3.9 所示。

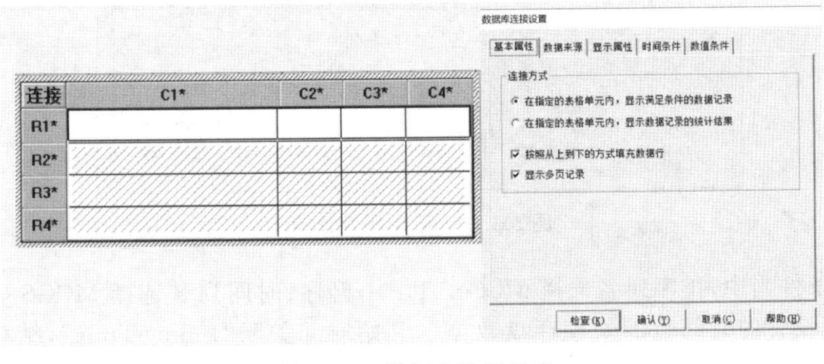

图 5.3.9　数据库连接设置

在数据来源当中，选中"组对象对应的存盘数据"，组对象名选择下拉框中的"液位组"，如图 5.3.10 所示。在显示属性当中，C1 这一行显示的是 MCGS 嵌入版组态软件当中的系统时间；C2、C3、C4 则关联原料罐、催化剂、反应器三个数据对象，如图 5.3.11 所示。

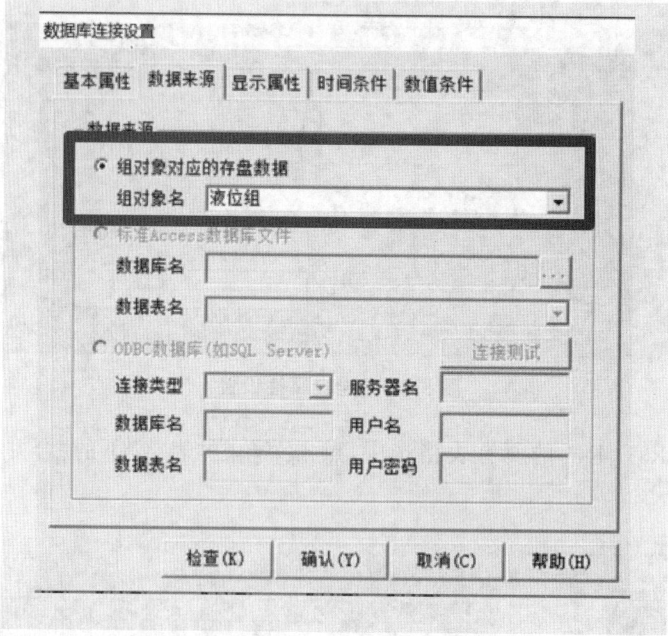

图 5.3.10　数据来源设置

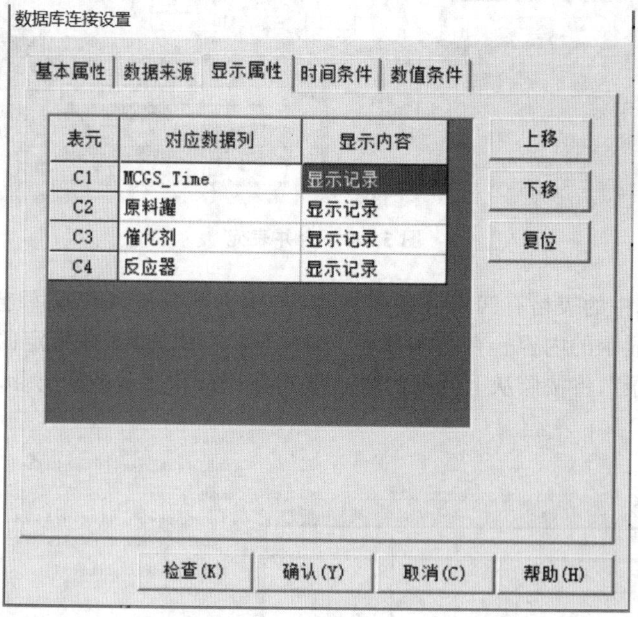

图 5.3.11　显示属性设置

在时间条件当中，排序列名选择 MCGS_Time，升序；时间列名选择 MCGS_Time，同样选择"按变量设置的时间范围处理存盘数据"，开始时间关联"InputSTime"，结束时间关联"InputETime"，如图 5.3.12 所示。关联完毕后点击"确认"键。

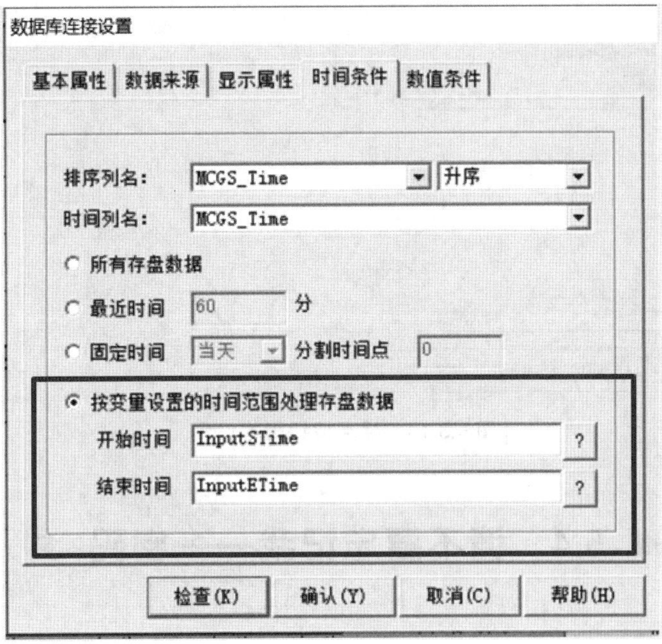

图 5.3.12 时间条件设置

利用输入框构件,在屏幕表格下方拖拽出两个输入框,分别对应"开始时间"和"结束时间",如图 5.3.13 所示。

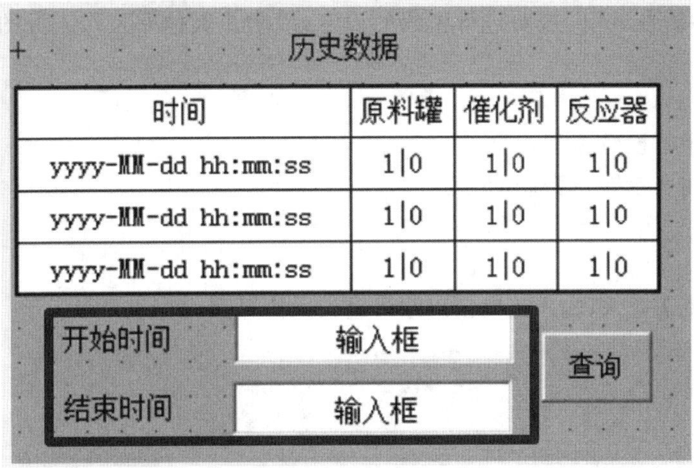

图 5.3.13 绘制输出框

双击"开始时间"输入框,在操作属性页面当中,关联"InputSTime"这个数据对象。双击"结束时间"输入框,在操作属性页面当中,关联"InputETime"这个数据对象。

再利用标准按钮构件,在屏幕上拖拽出一个标准按钮,命名为"查询"。在标准按钮脚本程序当中,输入"用户窗口.窗口 1.Refresh()"脚本程序。Refresh()用来完成窗口的刷新从而实现历史数据的刷新,如图 5.3.14 所示。

下载工程并进入模拟运行环境。

历史表格构件
操作视频

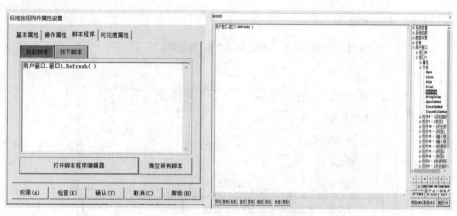

图 5.3.14　标准按钮脚本设置

◀ 5.4　请不要忘记我——密码 ▶

5.4.1　密码的设定

在实际使用中,触摸屏在控制系统中的地位非常的重要,对控制系统部件的执行以及参数的设定,都需要通过触摸屏来完成。那么就要求操作者必须具有专业的知识。为了组态软件的安全,很多时候,我们需要进行密码的设定,以防止其他非工作人员的误操作。

【学习目标】

(1)掌握登录框设置流程;
(2)掌握创建登录账户密码的方法。

【任务描述】

进入组态系统需登录,输入正确密码才可进入操作界面,如图 5.4.1 所示。

密码设定
动画演示

图 5.4.1　密码的设定

【设计过程】

打开组态工程,在工具菜单下选择"用户权限管理",如图 5.4.2 所示。

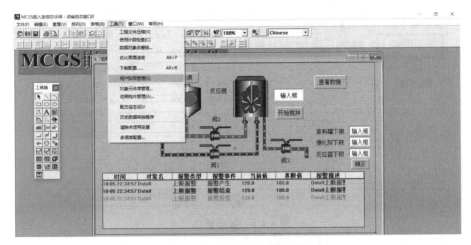

图 5.4.2 选择用户权限管理

在用户管理器窗口中,上半部分为已建用户的用户名列表,下半部分为已建用户组的列表。当用鼠标激活用户名列表时,在窗口底部显示的按钮是"新增用户""复制用户""删除用户"等对用户操作的按钮;当用鼠标激活用户组名列表时,在窗口底部显示的按钮是"新增用户组""删除用户组"等对用户组操作的按钮。单击"新增用户"按钮,弹出用户属性设置窗口,在该窗口中,用户对应的密码要输入两遍,用户所隶属用户组在下面的列表框中选择(注意:一个用户可以隶属于多个用户组)。当在用户管理器窗口中按"属性"按钮时,弹出同样的窗口,可以修改用户密码和所属的用户组,但不能修改用户名。单击"新增用户"按钮,可以添加新的用户名,选中一个用户时,点击属性或双击该用户,会出现用户属性设置窗口,如图 5.4.3 所示,在该窗口中,可以选择该用户隶属于哪个用户组。单击"新增用户组"按钮,可以添加新的用户组,选中一个用户组时,点击属性或双击该用户组,会出现用户组属性设置窗口。本任务中,用户名称选择"负责人",点击"属性"按钮,可以对"负责人"这个用户添加密码,比如我们输入用户密码为 123,确认密码同样为 123,点击"确认"键。也可以使用"新增用户"按钮增加其他的用户。

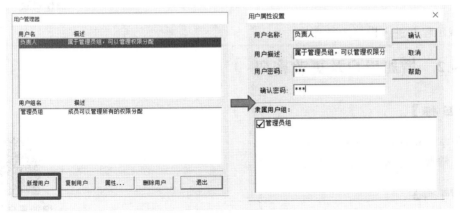

图 5.4.3 新增用户

用户名及密码创建完毕之后，下面就是当用户打开触摸屏时，需要显示登录的界面。返回组态系统的工作台，打开主控窗口，对主控窗口属性进行设置，在基本属性一栏中选择"进入登录，退出不登录"，如图 5.4.4 所示。

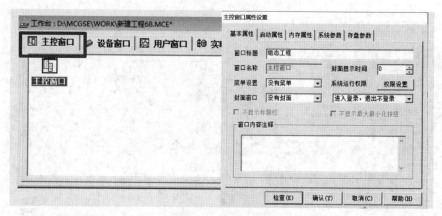

图 5.4.4　主控窗口

主控窗口是组态软件的主框架，职责是负责调度和管理运行系统，反映组态工程的总体概况。主控窗口的其他属性设置页面还包括启动属性、内存属性、系统参数和存盘参数等。

设置完成后，用户登录界面如图 5.4.5 所示。

图 5.4.5　用户登录界面

密码设定
操作视频

下载工程并进入模拟运行环境。

5.4.2　增加用户及更改密码

【学习目标】

（1）掌握增加用户和更改密码的方法；
（2）掌握主控窗口的使用方法。

【任务描述】

在组态运行中增加操作用户，并可更改密码，如图 5.4.6 所示。

增加用户及更改
密码动画演示

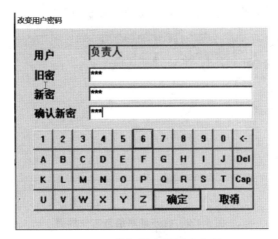

图 5.4.6 增加用户及更改密码

【设计过程】

在主控窗口,点击"系统属性",如图 5.4.7 所示。

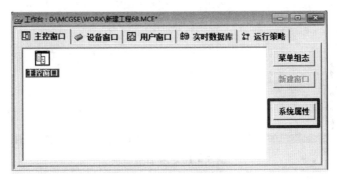

图 5.4.7 系统属性

在主控窗口的基本属性当中,菜单设置选择"有菜单",点击"确认"键,如图 5.4.8 所示。

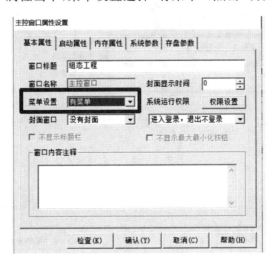

图 5.4.8 菜单设置

双击主控窗口,打开菜单组态工作界面,如图 5.4.9 所示。

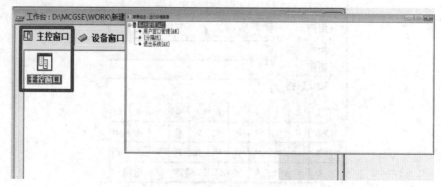

图 5.4.9 打开菜单组态工作界面

在"系统管理"上单击鼠标右键,点击"新增菜单项",增加两个菜单项,如图 5.4.10 所示。

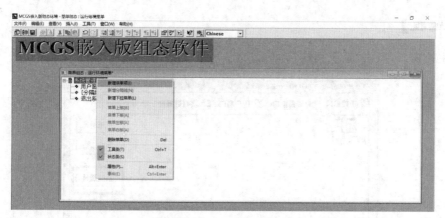

图 5.4.10 增加菜单项

打开菜单属性设置对话框,菜单名为"创建账户",如图 5.4.11 所示。

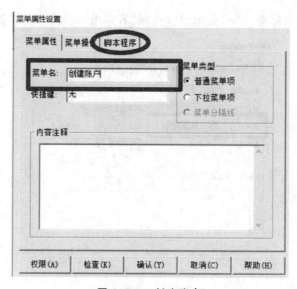

图 5.4.11 创建账户

当点击菜单时执行脚本程序创建账户,我们需要调用系统函数,打开脚本程序编辑器,在右侧系统函数当中选择用户登录操作,找到! Editusers()这个函数,此函数主要的作用是调出用户权限管理对话框,如图 5.4.12 所示。

图 5.4.12 放置函数

在菜单属性页面当中将菜单名设置为"更改密码",如图 5.4.13 所示。

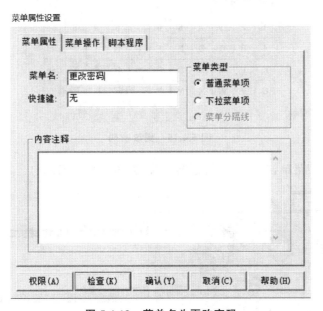

图 5.4.13 菜单名为更改密码

双击菜单时,进入脚本程序。打开脚本程序编辑器,选择系统函数用户登录操作,选择"! ChangePassword()"这个函数,如图 5.4.14 所示。

启动系统需要输入密码,登录组态界面,我们会发现,组态界面的左上角出现了几个菜单,点击更改密码,会弹出改变用户密码对话框,在这里就可以改变密码了,如图 5.4.15 所示。

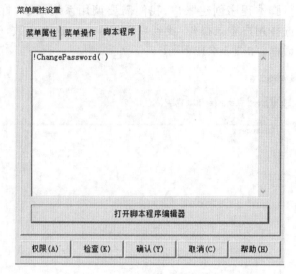

图 5.4.14　编写脚本

图 5.4.15　更改密码

点击"创建账户"菜单，弹出用户管理器窗口，如图 5.4.16 所示。

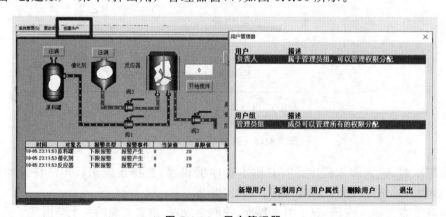

图 5.4.16　用户管理器

输入新的用户名和密码,当再次进入系统时,用户登录对话框会有两个用户名,这时我们选择哪个都可以进入工程,如图 5.4.17 所示。

增加用户及更改
密码操作视频

图 5.4.17　选择用户名登录

5.4.3　建立用户组

【学习目标】

掌握如何建立用户组。

【任务描述】

在实际工程使用中,有些工程项目是要区分不同人员类别的,比如操作员只允许进行操作,不允许查看数据信息;管理员既可以操作,又可以查看数据。这样就需要拥有不同权限的用户组,需要完成用户权限的设定。

【设计过程】

打开液体混合搅拌系统组态工程,点击组态软件菜单栏的"工具",选择"用户权限管理"选项,如图 5.4.18 所示。

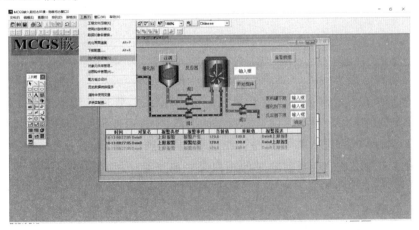

图 5.4.18　选择"用户权限管理"

进入到用户管理器窗口，点击"新增用户组"，在用户组属性设置当中，设置用户组名称为"操作员组"，用户组描述为"只能操作，不能查看数据"，如图 5.4.19 所示。

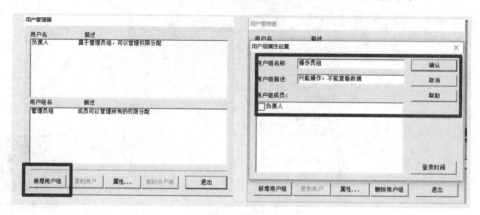

图 5.4.19　新增用户组

点击"确认"之后新的用户组建立完毕，再新建一个用户名称为"操作员 A"的用户，用户描述为"属于操作员组"，再输入用户密码及确认密码，例如 111，如图 5.4.20 所示。这样就在组态工程中设定了一个名为"操作员组"的用户组，在这个操作员组当中，可以添加多个用户。

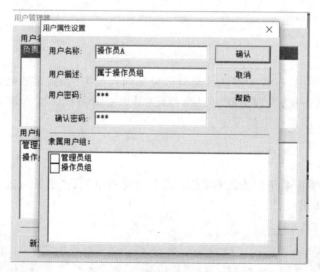

图 5.4.20　添加用户

如何把操作员组和管理员组区分开来呢？如查看数据，管理员组的用户是可以查看数据的，但是操作员组的用户是不允许查看数据的。双击"查看数据"标准按钮，将操作属性当中的打开窗口选项取消，进入脚本程序。在这里，要用到！CheckUserGroup（）这个系统函数，该系统函数的作用是检查当前登录的用户是否属于某一用户组的成员。如果是属于该用户组，那么返回值为 0，如果不属于这个用户组，那么返回值不等于 0。所以我们可以用一个 If 语句来判断当前登录的用户是否属于管理员组，如果属于管理员组就打开窗口 1，否则不执行任何操作，如图 5.4.21 所示。

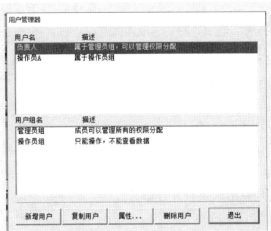

图 5.4.21 输入脚本程序

在脚本程序窗口中输入以下脚本程序：

```
IF ! CheckUserGroup("管理员组")=0 THEN
用户窗口.窗口 1.Open()
ENDIF
```

 小笔记 ……

管理员组是字符串,需要加上_____双引号。

下载工程并进入模拟运行环境。

 练习与提高

建立用户组
操作视频

一、单选题

1. 能够实现曲线输出的包括实时曲线和( )。

A.历史曲线 B.状态曲线 C.大小曲线 D.动态曲线

2. 能够实现表格显示的包括自由表格和( )。

A.历史表格 B.垂直表格 C.大小表格 D.填充表格

3. 更改密码应使用( )函数。

A.! Logon( ) B.! ChangePassword( )

C.! Ttt( ) D.! Cry( )

4. 要实现多个数据对象报警值的显示应使用( )。

A.字符型 B.开关型 C.事件 D.组对象

5. 在组态环境中改变数据对象的报警值应使用( )函数。

A.! AnswerAlm( ) B.! SetAlmValue( )

C.! GetAlmValue( ) D.! MoveAlmDat( )

二、判断题

1. 实现历史数据查询显示应使用自由表格。 （ ）

2. 实时曲线可以显示历史数据。 （ ）

3. 数据对象的报警值不可改变。 （ ）

4. 在 MCGS 嵌入版组态软件中，可以建立多个用户组。 （ ）

5. 只有组对象数据对象才具有存盘属性。 （ ）

三、讨论题

1. 使用曲线构件有什么优点？

2. 配方组态可以应用在哪些场合？

3. 在 MCGS 嵌入版组态软件中，默认的用户组和用户名是什么？

项目 6
触摸屏和它的朋友们——TPC 与 PLC 交互

综合运行组态软件设计工控界面，并与三菱 PLC 建立通信软硬件连接，完成触摸屏对 PLC 及电机的控制，实现完整的人机交互过程。

在一个单位、一个部门中，各个员工需要相互配合、分工协作才能完成对应的任务。一个团队中，每名成员各司其职、都要发挥应有的作用，这样才能达到预期的目标。像触摸屏和 PLC 一样，它们之间相互配合，才能发挥组态技术的最大作用。同学们在以后的工作中，也要有团队合作意识，要始终弘扬爱国、友善、诚信、敬业等社会主义核心价值观，保持踏实奉献的工作作风。

【知识目标】

(1) 熟悉组态和 PLC 运行过程的方法；

(2) 掌握三菱 PLC 输出点及读写数据的方法；

(3) 掌握 MCGS 嵌入版组态工程建立步骤及工程调试过程。

【能力目标】

(1) 能够完成触摸屏与 PLC 通信元件进行数据关联；

(2) 能够用触摸屏完成对 PLC 运行的控制。

6.1 永不分开的朋友——内部元件关联

将 MCGS 嵌入版组态软件与外部设备进行开关量信息实时通信设置,完成触摸屏与外部设备的人机交互。本章以三菱 FX-3U 系列 PLC 为例讲解触摸屏与 PLC 之间的通信过程。触摸屏与三菱 PLC 通信主要有两个方面:一方面是开关量的信息传递;另一方面是数字量的信息传递。

6.1.1 开关元件关联

【学习目标】

掌握触摸屏与 PLC 之间通信元件的数据关联及通信过程。

【任务描述】

通过触摸屏上的两个按钮控制 PLC 输出口 Y0 的启动与停止。同时,触摸屏的指示灯可以指示 PLC 的 Y0 输出口的状态。如图 6.1.1 所示。

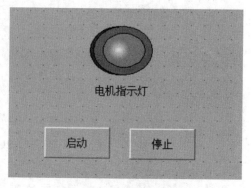

图 6.1.1 开关元件关联

【设计过程】

建立组态系统工程。在用户窗口添加两个标准按钮和一个指示灯。在实时数据库中建立启动、停止、指示灯三个开关型的数据对象,如图 6.1.2 所示。

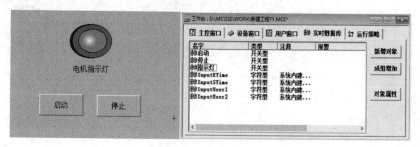

图 6.1.2 放置构件

如图 6.1.3 所示,双击设备窗口图标。首次进入设备组态窗口时,在设备工具箱当中是没有任何设备的。

图 6.1.3　双击设备窗口图标

点击设备管理自行添加所需要的设备。我们使用的 PLC 类型是 FX-3U,所以触摸屏与三菱 PLC 通信采用三菱 FX 系列编程口。在设备工具箱中添加通用串口父设备和三菱_FX 系列编程口,如图 6.1.4 所示。

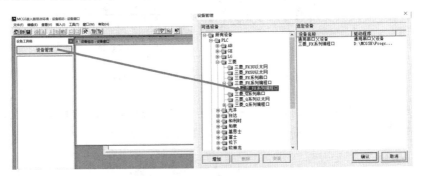

图 6.1.4　添加通用串口父设备

双击设备管理下的通用串口父设备,然后再添加三菱_FX 系列编程口,如图 6.1.5 所示。这样设置表示采用串口形式与 PLC 编程口进行通信。通用串口父设备是提供串口通信功能的父设备,每个通信串口父设备与一个实际的物理串口对应。

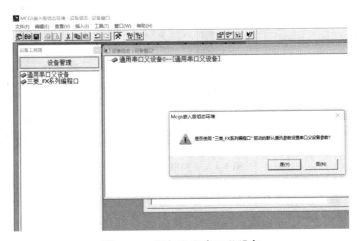

图 6.1.5　添加通用串口父设备

要使触摸屏能与 PLC 正常进行通信,还需要设置一下通用串口父设备的通信参数。双击通用串口父设备,在基本属性对话框中,要对串口端口号、通讯波特率、数据位位数、停止位位数和数据校验方式进行正确设置,否则会导致触摸屏与 PLC 通信出现错误。本任务中,串口端口号设置为 COM1,通讯波特率为 9600,数据位位数为 7,停止位位数为 1,数据校验方式为偶校验,如图 6.1.6 所示。

图 6.1.6　设置通用串口父设备通信参数

双击三菱_FX 系列编程口,进入设备编辑窗口,在这里将 PLC 内部的编程元件与触摸屏内部的实时数据库当中的数据对象建立连接,如图 6.1.7 所示。

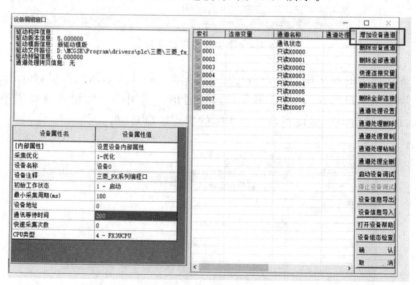

图 6.1.7　关联数据对象

点击增加设备通道。在添加设备通道基本属性设置当中,通道类型选择"M 辅助寄存器"。在触摸屏与三菱 PLC 进行通信的时候,我们通常都使用 PLC 内部辅助寄存器来进行开关量信息的传递。辅助寄存器相当于 PLC 内部的辅助继电器。通道地址为 0,通道个数为3,点击"确认"按钮,如图 6.1.8 所示。

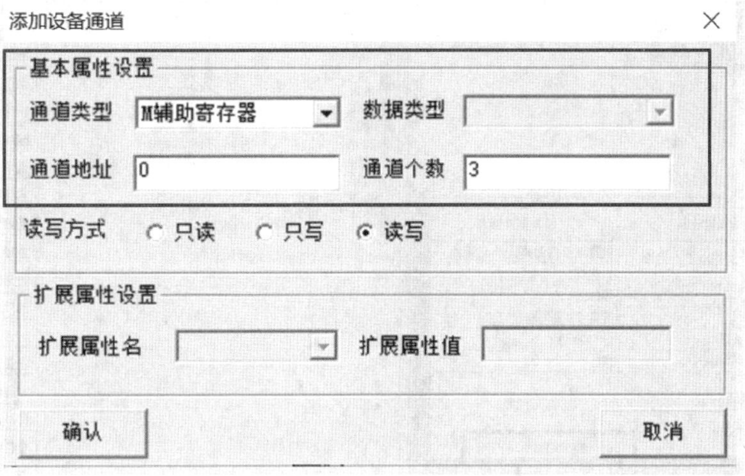

图 6.1.8　关联辅助寄存器

在设备编辑窗口当中会出现 M0～M2 三个通道,如图 6.1.9 所示。

图 6.1.9　出现 M0～M2 三个通道

双击 M0 连接变量,选择关联的实时数据库,选择"启动"数据对象与 M0 通道相关联。以同样的方式将 M1 通道与"停止"数据对象相关联,M2 与"指示灯"数据对象相关联。

关联完毕在设备编辑窗口左下角,要选择 CPU 类型。应根据实际 PLC 型号来选择,这里选择 FX3U CUP,选择完毕点击"确认"按钮,如图 6.1.10 所示。此时 PLC 内部编程元件与触摸屏内部的实时数据库的数据对象就关联完毕了。

下面需要将组态窗口当中的动画构件与实时数据库中的数据对象相关联,如图 6.1.11 所示。双击第一个标准按钮,在基本属性当中,将名称改为"启动";在操作属性当中,勾选

图 6.1.10　选择 CPU 类型

"数据对象值操作",工作方式为"按 1 松 0",关联数据对象为"启动"。以同样的方法将另外一个按钮与停止数据对象相关联。双击指示灯,在数据对象当中关联指示灯数据对象。

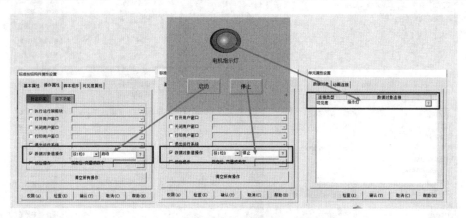

图 6.1.11　动画构件与数据对象相关联

　　设置完毕之后,组态软件当中启动按钮、停止按钮和指示灯分别与实时数据库当中的启动、停止和指示灯的数据对象相关联。而这三个数据对象又与 PLC 中的 M0～M2 三个内部编程软件相关联。当我们点击触摸屏上的动画构件时,会通过数据对象传递到 PLC 内部。

　　触摸屏与 PLC 内部原件的关联,大家应知道它是通过实时数据库当中的数据对象相关联的,如果 PLC 内部的编程元件与组态软件当中的动画构件所关联的数据对象是同一个,那么触摸屏与 PLC 之间的数据是同步的。PLC 梯形图如图 6.1.12 所示。

　　将组态工程和 PLC 程序分别下载到触摸屏和 PLC 当中。连接好触摸屏与 PLC 之间的通信电缆。当按下启动按钮时,PLC 内部的 M0 接通,同时 M2 自锁接通。当 M2 接通时会接通 PLC 的 Y0 输出口,同时将信号回

开关元件关联
操作视频

图 6.1.12　梯形图

传给触摸屏点亮指示灯构件。当按下停止按钮时,PLC 内部的 M1 断开,M2 断开,PLC 的 Y0 和触摸屏上的指示灯均断开。

6.1.2　数据元件关联

【学习目标】

掌握触摸屏与 PLC 之间数据元件的信息传递方法。

【任务描述】

在触摸屏中输入一个整数,在 PLC 内部将这个数加 5,再送到触摸屏上面显示出来。如图 6.1.13 所示。

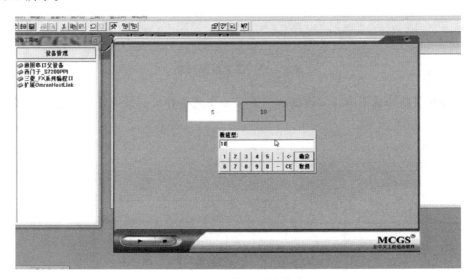

图 6.1.13　数据元件关联

【设计过程】

首先建立一个组态系统工程并创建用户窗口,在窗口合适的位置添加一个输入框和一个标签构件,如图 6.1.14 所示。

在实时数据库中建立"输入数据"和"输出数据"两个数值型的数据对象,如图 6.1.15 所示。

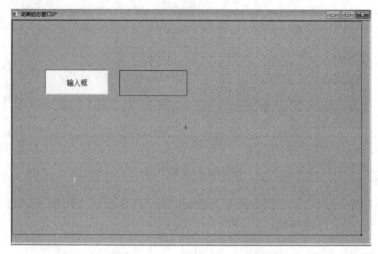

图 6.1.14　放置输入框和标签构件

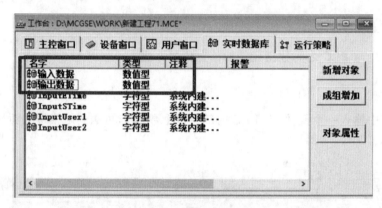

图 6.1.15　建立数据对象

在设备窗口添加通用串口父设备和三菱_FX 系列编程口。设置好通用串口父设备的通信参数，如图 6.1.16 所示。

图 6.1.16　设置通用串口父设备和三菱_FX 系列编程口

双击设备 0-三菱_FX 系列编程口,打开设备编辑窗口,点击左上角的"增加设备通道",如图 6.1.17 所示。

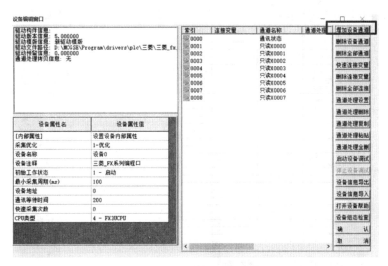

图 6.1.17　增加设备通道

触摸屏与 PLC 之间实现数值类型元件传递所需要的通道为 D 数据寄存器。这个数据寄存器指的是三菱 PLC 内部的数据寄存器。在进行关联时,数据类型务必要选择准确。如图 6.1.18 所示。

图 6.1.18　关联数据类型

 小笔记

几种常用的数据类型如表 6.1.1 所示。

表 6.1.1　几种常用的数据类型

数 据 类 型	数 值 范 围
16 位无符号二进制	0～65535
16 位有符号二进制	−32768～＋32767
32 位无符号二进制	0～4294967295
32 位有符号二进制	−2147483648～2147483648
32 位浮点数	$1.18 \times 10^{-38} \sim 3.40 \times 10^{38}$

在本任务中,数据类型选择16位无符号二进制,通道地址为0,在PLC内部使用数据寄存器D0。以相同的方式建立D2数据通道。

将D0、D2与实时数据库当中的"输入数据"和"输出数据"相关联,CPU类型选择FX3UCPU,如图6.1.19所示。

图6.1.19 "输入数据"和"输出数据"相关联

回到用户窗口,在操作属性中将输入框构件与实时数据库中的"输入数据"相关联,如图6.1.20所示。勾选标签控件当中的显示输出。

图6.1.20 操作属性设置

在显示输出属性页当中与实时数据中"输出数据"相关联。输出值类型,选择"数值量输出",输出格式为"十进制",如图6.1.21所示。

编写PLC程序,如图6.1.22所示。将PLC程序与组态工程下载至PLC及触摸屏。在触摸屏输入框中输入5,触摸屏会将5这个数据送入实时数据库中的输入数据这个数据对

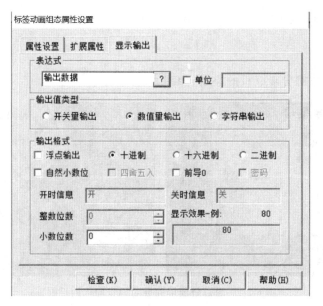

图 6.1.21 显示输出属性设置

象,再由这个数据对象送入 PLC 中的 D0 数据寄存器。PLC 程序将这个数值加 5 之后由 D2 再回传给触摸屏的显示标签构件并显示。

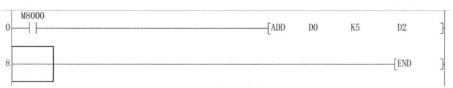

图 6.1.22 PLC 程序设置

数据元件关联
操作视频

在触摸屏与 PLC 进行数值型元件相关联时一定要注意所关联的数据对象的类型,否则会导致触摸屏端的数据与 PLC 端的内部数据寄存器的值不一致。

◀ 6.2 电机的控制 ▶

在工业控制系统当中,经常需要对异步电机、步进电机、伺服电机进行控制。步进电机是工业控制中最常用的一种控制电机,它可以完成对电机转角和速度的精确控制。

本节将分别介绍。

6.2.1 异步电机控制系统

【学习目标】

(1) 掌握触摸屏与 PLC 联合运行的流程;

（2）掌握触摸屏通过 PLC 控制异步电机的方式。

异步电机控制
系统动画演示 1

【任务描述】

通过触摸屏完成对异步电机的控制，如图 6.2.1 所示。

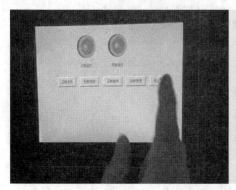

图 6.2.1　通过触摸屏完成对异步电机的控制

【设计过程】

异步电机控制
系统动画演示 2

首先在 MCGS 组态软件用户窗口中设计五个标准按钮构件和两个指示灯图形。这五个标准按钮分别用来控制电机的正转点动、反转点动、正转连续、反转连续、停止运行等操作。两个指示灯用来指示电机的旋转方向。如图 6.2.2 所示。

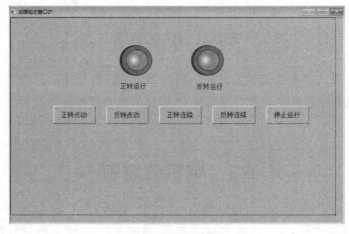

图 6.2.2　放置构件

在实时数据库当中，建立相应的数据对象。这里面对应五个按钮，分别要建立正转点动、反转点动、正转连续、反转连续、停止运行五个开关型的数据对象。两个指示灯分别对应建立"正转运行""反转运行"两个开关型的数据对象。如图 6.2.3 所示。

数据对象建立完成之后，打开设备窗口，在设备窗口当中，添加通用串口父设备，再添加三菱_FX 系列编程口，如图 6.2.4 所示。点击设备 0 增加设备通道，通道类型选择 M 辅助寄存器，通道个数为 7，通道地址为 0，如图 6.2.5 所示。

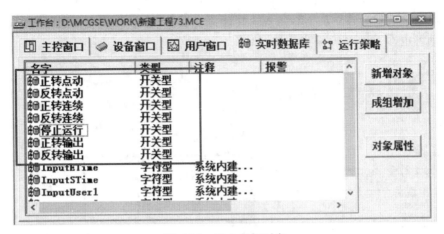

图 6.2.3 建立数据对象

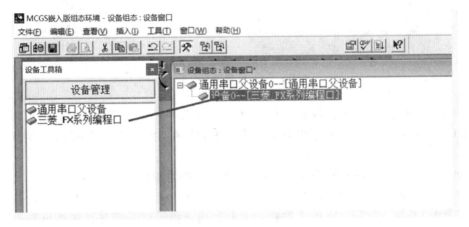

图 6.2.4 添加通用串口父设备

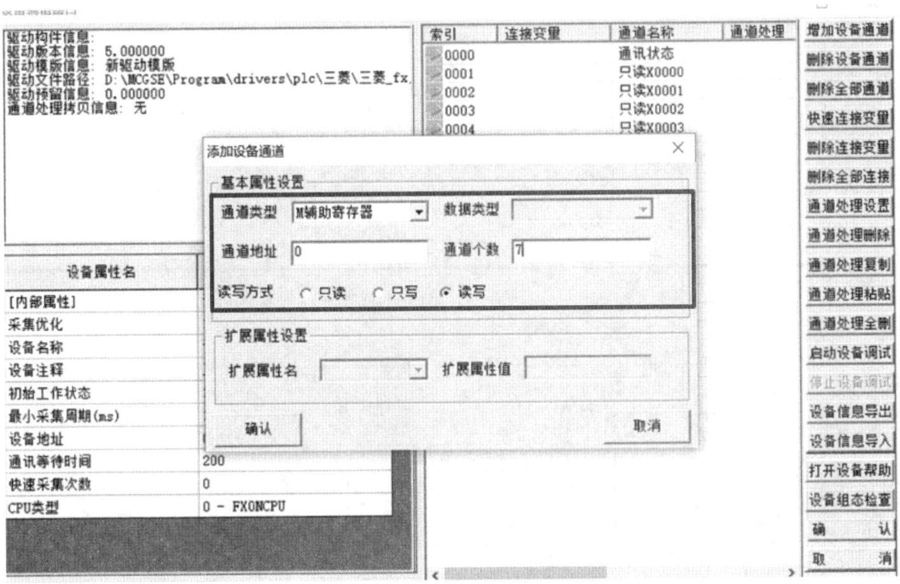

图 6.2.5 基本属性设置

点击确认之后就会建立从 M0 到 M6 共计 7 个通道,这 7 个通道分别对应的就是 PLC 内部的辅助继电器 M0～M6 编程元件,如图 6.2.6 所示。

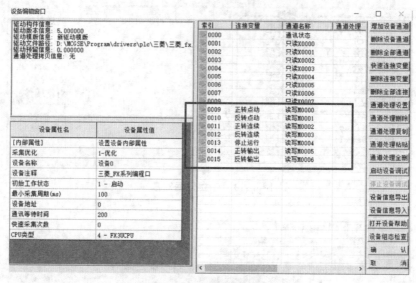

图 6.2.6　设置连接变量

按照 M0～M6 的顺序依次与建立的连接变量相关联。关联完毕之后,CPU 类型选择 FX3UCPU,点击"确认"键。这样就将 PLC 内部的编程元件与组态软件当中的数据对象一一对应了。

回到用户窗口,依次将正转点动、反转点动两个数据对象依次与正转点动和反转点动这两个标准按钮相关联。再将正转连续、反转连续以及停止运行三个数据对象依次与正转连续、反转连续以及停止运行三个标准按钮相关联。两个指示灯分别与正转输出与反转输出相关联。

关联完毕之后,在三菱 GX 编程软件当中,将相应的梯形图程序下载到 PLC 当中,PLC 梯形图如图 6.2.7 所示。

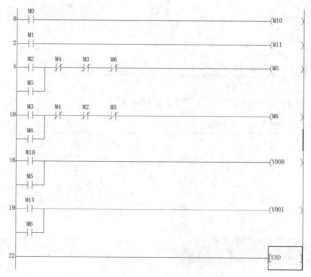

图 6.2.7　PLC 梯形图

下载方法可以使用：USB 通信线、网线和 U 盘的下载方式。下载完毕，将触摸屏与 PLC 的通信线连接好。这样在触摸屏上点击"正转运行"按钮。可以完成电机正转，按钮松开，电机停止运行。

异步电机控制
系统操作视频

6.2.2 步进电机的控制系统

【学习目标】

(1) 掌握触摸屏与 PLC 联合运行的流程；

(2) 掌握触摸屏通过 PLC 控制步进电机的方式。

【任务描述】

通过输入框完成步进电机速度和圈数的设置，如图 6.2.8 所示。

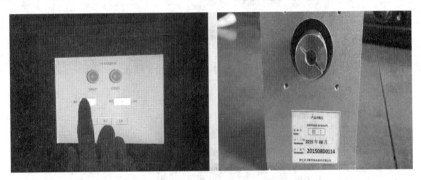

图 6.2.8 通过输入框完成步进电机速度和圈数的设置

步进电机的转动主要是通过向步进电机驱动器输入脉冲信号完成的。控制脉冲的个数可以控制步进电机转过的角度，控制脉冲的频率可以控制步进电机的转速。

【设计过程】

在组态软件用户窗口当中设计如图 6.2.9 所示的界面并放置两个输入框构件，用来设置步进电机的圈数和速度。用三个标准按钮构件来完成电机正转、停止、反转的控制，两个指示灯用于指示当前步进电机的转向。

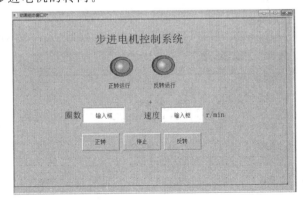

图 6.2.9 放置构件

当设计完毕之后,进入实时数据库,建立对应的数据对象。主要用"正转""反转"这两个开关型的数据对象来实现步进电机的正转或反转控制。建立"圈数"和"速度"两个数值型的数据对象,用于接收输入框采集的相应数据。建立两个叫作"脉冲数量"和"脉冲频率"的数值型数据对象,用于存储根据圈数和速度计算出来的步进电机所需要的脉冲数量和脉冲频率。如图 6.2.10 所示。

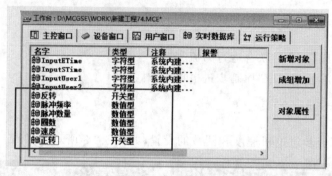

图 6.2.10 建立数据对象

设置完毕之后,打开设备窗口,添加通用串口父设备,然后再添加三菱_FX 系列编程口,如图 6.2.11 所示。

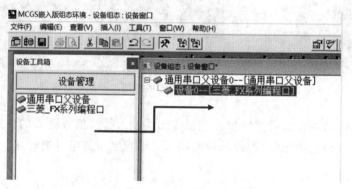

图 6.2.11 添加通用串口父设备和三菱_FX 系列编程口

双击三菱_FX 系列编程口打开设备编辑窗口。点击增加设备通道创建两个 M 辅助寄存器 M0 和 M1,如图 6.2.12 所示。

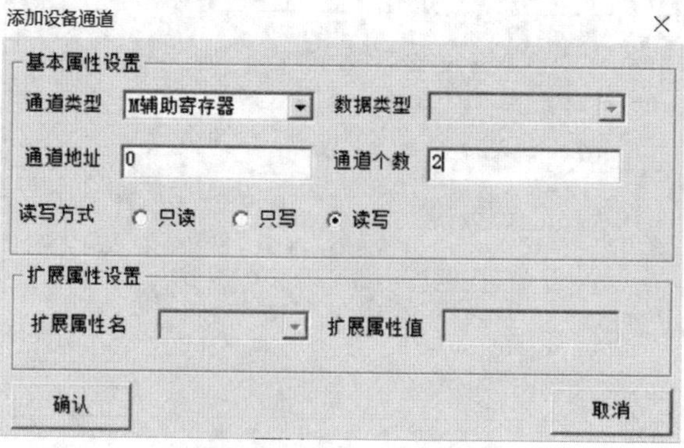

图 6.2.12 添加设备通道

再创建 D0 和 D2 两个数据类型为 32 位有符号二进制的数据寄存器,如图 6.2.13 所示。

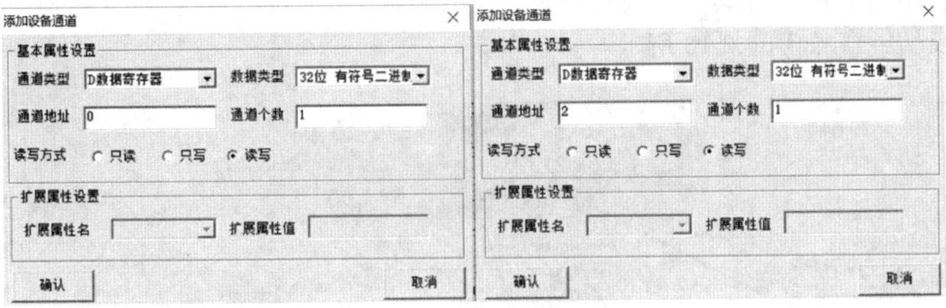

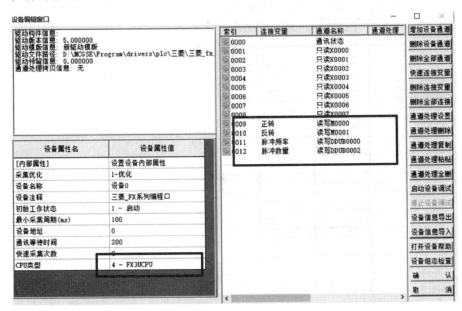

图 6.2.13　创建数据寄存器

将 M0 与"正转"数据对象相关联,M1 与"反转"数据对象相关联,D0 与"脉冲频率"相关联,D2 与"脉冲数量"相关联。CPU 类型选择 FX3UCPU。如图 6.2.14 所示。

图 6.2.14　关联数据对象

设置完毕之后,回到窗口 0。将圈数输入框与"圈数"数据对象相关联,将最小值设置为 0。将"速度"输入框与"速度"这个数据对象相关联,最小值设置为 0。如图 6.2.15 所示。

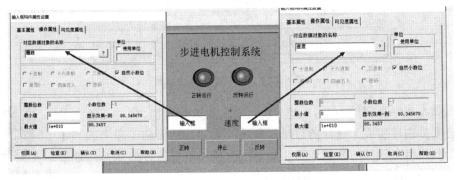

图 6.2.15　输入框关联数据对象

双击"正转"标准按钮,在脚本程序当中输入:正转＝1,反转＝0。双击"停止"标准按钮,在脚本程序当中输入:正转＝0,反转＝0。双击"反转"标准按钮,在脚本程序当中输入:正转＝0,反转＝1。如图 6.2.16 所示。

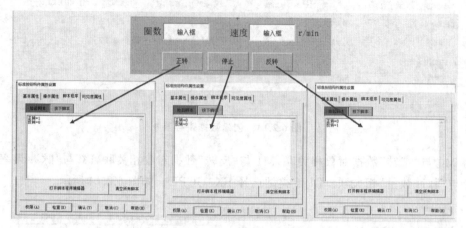

图 6.2.16 标准按钮脚本设计

正转指示灯与正转数据对象相关联,反转指示灯与反转数据对象相关联。

打开窗口 0 属性设置对话框,在循环脚本当中输入:脉冲数量＝圈数×2000\1,脉冲频率＝速度×2000\60,如图 6.2.17 所示。

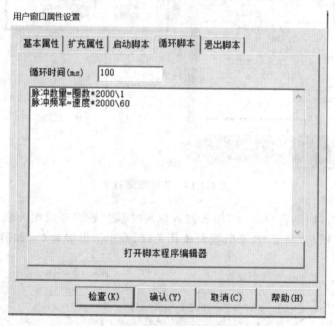

图 6.2.17 用户窗口属性设置

这段脚本程序是利用 MCGS 组态软件强大的运算功能,将界面输入的圈数和速度分别转换成了脉冲的数量和频率。大家在后面的工程实践当中应该善于利用组态软件的数据运算功能。因为使用组态软件的运算功能要比使用 PLC 的运算方便得多。循环时间设置为 100 ms。

步进电机控制系统
操作视频 1

最后，将对应的 PLC 程序下载到 PLC 当中，PLC 梯形图如图 6.2.18 所示。

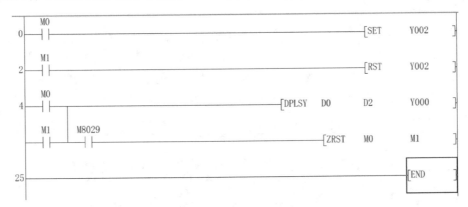

图 6.2.18　PLC 梯形图

利用之前所学组态工程下载方法，将设计好的组态工程下载到触摸屏当中。将触摸屏与 PLC 用通信线连接好。启动系统，输入对应的电机圈数和速度，按下正转或反转按钮，步进电机就会按照设定的速度正转或反转，当转过设定的圈数之后会自动停止。

步进电机控制系统
操作视频 2

6.2.3　伺服电机控制系统

【学习目标】

(1) 掌握触摸屏与 PLC 联合运行的流程；
(2) 掌握触摸屏通过 PLC 控制伺服电机的方式。

【任务描述】

如图 6.2.19 所示，通过触摸屏设置伺服电机的速度和位置。

伺服电机控制系统
动画演示 1

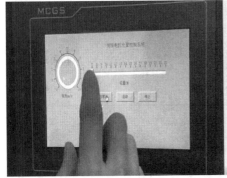

图 6.2.19　通过触摸屏设置伺服电机的速度和位置

伺服电机是工业控制领域实现位置控制广泛应用的一种控制电机，它需要通过向伺服驱动器输入一定频率的脉冲信号，完成对电机的转速及转角的控制。

伺服电机控制系统
动画演示 2

【设计过程】

在用户窗口当中,设计如图 6.2.20 所示的组态界面。这个组态界面是由一个旋钮输入器构件和一个滑动输入器构件,还有三个标准按钮构件构成的。其中旋钮输入器构件用于设置伺服电机所带动的滑块的速度。滑动输入器构件用来设置伺服电机所带动的滑块的位置。三个标准按钮构件分别对应回零点、启动以及停止的操作,如图 6.2.20 所示。

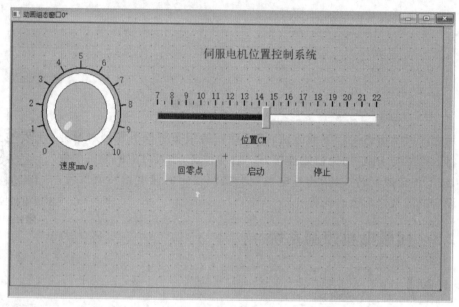

图 6.2.20　放置构件

设计好伺服电机位置控制系统的界面之后。打开实时数据库,建立相应的数据对象。首先建立"回零点"和"启动"这两个开关型的数据对象,再建立"速度""位置""脉冲频率""脉冲数量"四个数值型的数据对象,如图 6.2.21 所示。

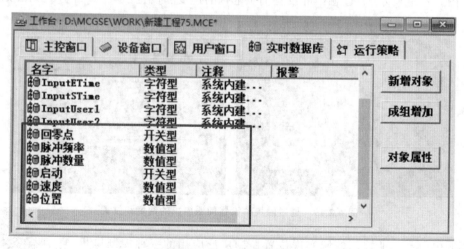

图 6.2.21　建立数据对象

数据对象建立完毕之后进入设备窗口添加通用串口父设备,然后在其下方添加三菱_FX

系列编程口。双击三菱_FX系列编程口进入设备编辑窗口当中,点击"增加设备通道",增加M0和M1两个设备通道,再增加名称为D0、D2,数据类型为"32位有符号二进制"的设备通道。将M0和M1分别与名称为"回零点"和"启动"的数据对象相关联,D0和D2分别与"脉冲数量"和"脉冲频率"相关联,选择CUP的类型为FX3UCPU,如图6.2.22所示。

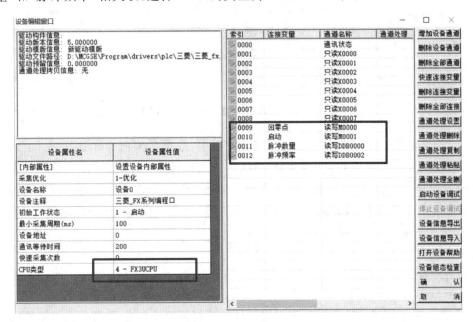

图 6.2.22　设置连接变量

设置完毕后回到用户窗口。双击旋钮输入器构件进入其属性设置界面,在"刻度与标注属性"选项中,主划线数目设置为10,次划线数目设置为1,小数位数设置为0;在"操作属性"选项中,关联名为"速度"的数据对象。最大逆时钟角度所对应的值为0,最大顺时钟角度所对应的值为10。这样设置之后就将伺服电机所带动的滑块运行速度范围设定在0～10 mm/s,如图6.2.23所示。

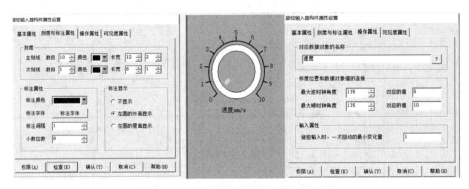

图 6.2.23　旋钮输入器构件的属性设置

双击滑动输入器构件进入其属性设置界面,在"标刻度与标注属性"选项中,主划线数目设置为15,次划线数目设置为1,标注间隔设置为1,小数位数设置为0;在"操作属性"选项中,关联名称为"位置"的数据对象,滑块在最左(下)边时所对应的值为7,滑块在最右(上)边时对应的值为22,如图6.2.24所示。

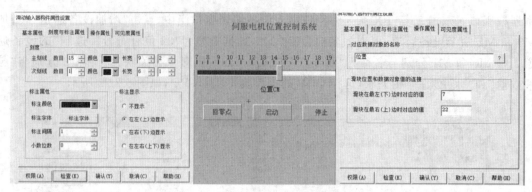

图 6.2.24　滑动输入器构件的属性设置

　　双击"回零点"标准按钮构件，在"操作属性"当中，数据对象值操作选择置1，与名为"回零点"的数据对象相关联。双击"启动"按钮构件进入其属性设置界面，在其数据对象值操作下选择置1，与名为"启动"的数据对象相关联。双击"停止"标准按钮构件进入其属性设置界面，在操作属性选项当中，数据对象值操作选择清零，与名为"停止"的数据对象相关联。

　　当界面中所有构件的属性设置完毕之后，在窗口任意位置点击鼠标右键，选择属性，进入"用户窗口属性设置"界面，在"循环脚本"中写入以下脚本程序：

```
脉冲频率=500*速度
脉冲数量=-1*(位置-7)*5000\1
```

　　设计这个脚本程序的目的是利用组态软件的数据运算功能将伺服电机所需的脉冲频率以及脉冲数量计算出来，直接送给伺服驱动器，完成对伺服电机的位置及速度的控制，如图 6.2.25 所示。

图 6.2.25　循环脚本的设计

　　最后将相应的伺服电机梯形图程序下载到三菱 PLC 中。伺服电机梯形图如图 6.2.26 所示。

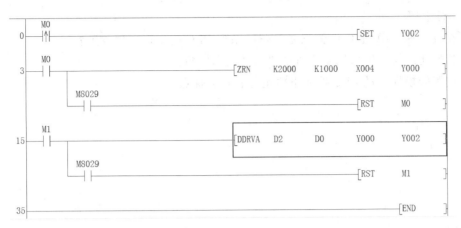

图 6.2.26 伺服电机梯形图

按下"回零点"按钮,滑块自动回到标尺为 7 cm 的位置。通过触摸旋钮设置速度,通过滑动滑块设置位置,当设置完毕之后,点击"启动"按钮,滑块会自动滑到触摸屏上所设置的位置。

伺服电机控制
系统操作视频

 练习与提高

一、单选题

1. 触摸屏与 PLC 进行数据交换必须通过(   )。

A.主控窗口   B.实时数据库   C.系统函数   D.动画构件

2. 在 MCGS 嵌入版组态软件中,提供串口通信功能的设备是(   )。

A.以太网口   B.FX 系列 PLC 编程口

C.通用串口父设备   D.USB 接口

3. MCGS 嵌入版系统内部设立有(   ),提供了与常用硬件设备相匹配的设备构件。

A.设备工具箱   B.PLC   C.串口设备   D.接口

4. MCGS 嵌入版设备中一般都包含有一个或多个用来读取或者输出数据的物理通道,MCGS 嵌入版把这样的物理通道称为(   )。

A.设备通道   B.设备通路   C.设备   D.接口

5. 模拟设备是供用户调试工程的(   )的设备。

A.虚拟   B.真实   C.大型   D.小型

二、判断题

1. 触摸屏与三菱 PLC 通信主要有两个方面:一方面是开关量的信息传递,另外一方面是数字量的信息传递。   (   )

2. 通用串口父设备是提供串口通信功能的父设备,每个通用串口父设备与一个实际的物理串口对应。   (   )

3. 设备构件是 MCGS 嵌入版系统对外部设备实施设备驱动的中间媒介。   (   )

4. 开关型数据对象可以与三菱 PLC 内部的数据寄存器建立连接通道。   (   )

5. 输入框构件可以通过数值型数据对象与三菱 PLC 内部数据寄存器 D 建立连接通道。
                                          (   )

三、讨论题

1. 在设备窗口中,如何设置三菱 FX3U 系列 PLC 的串口通信参数?

2. 如何使用触摸屏来设置步进电机的转速和转角?

3. 使用触摸屏通过 PLC 控制电机运行有什么优点?

项目 7
智能仓储车间 HMI 设计

我国的智能分拣功能因为强大的智能性被赋予了"惊艳世界的中国黑科技"称号。我们伟大的祖国不仅在智能仓储领域,比如航空航天、先进制造、先进能源、生物医药等领域都已达到了世界的前列,作为中国当代大学生,为我们伟大的祖国感到自豪,同学们也要努力的学习前沿技术,为祖国的发展贡献自己的一份力量!"

【知识目标】

(1)掌握移动的动画设计;

(2)掌握标准按钮构件的属性设置;

(3)掌握搬运机械手组态仿真设计中的变量分配;

(4)掌握通过构件设置,关联标准按钮,手动控制设备实现构件开、关,小车前进运动、后退运动等特定动作。

【能力目标】

(1)能够用所学知识完成智能仓储车间的人机界面的设计;

(2)能够对仓储车间的运料车、机械手臂、自动门、提升机进行运动的动画设计;

(3)能够对自动门进行密码的设计;

(4)能够用机械手完成对工件的抓取和放置;

(5)能够对提升机进行脚本程序的编写设计。

◀ 7.1 运料车组态仿真设计 ▶

运料车是基础的智能单元之一,它涉及仓储、制造业、邮局、图书馆、港口码头和机场、烟草、医药、食品、化工、危险场所和特种行业等各个领域。在智能仓储车间中,运料车自动将货物运送至机械手附近等待卸货。

7.1.1 运料车手动仿真设计

【学习目标】

(1) 掌握运料车手动控制组态界面的设计方法;
(2) 掌握运料车直线运动控制策略的组建方法;
(3) 能够设计运料车手动控制组态界面;
(4) 在仿真中能够实现运料车的直线前进和后退。

【任务描述】

两个标准按钮,分别用于小车前进和后退操作,小车的前进与后退主要是通过改变小车动画连接当中位移变量的值实现的,即小车前进,位移变量的值按照时间循环增加;小车后退,位移变量的值按照时间循环减少。

【设计过程】

首先设计两个标准按钮,作为小车前进和后退的控制按钮,在插入元件中,插入翻斗车1,设计完成后的组态界面如图 7.1.1 所示。

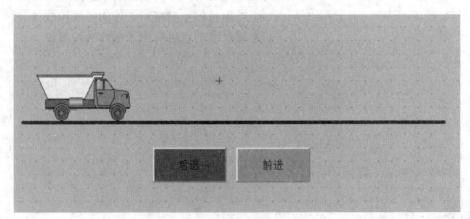

图 7.1.1 运料小车的控制

在实时数据库中建立"后退"(开关型)"前进"(开关型)"位移"(数值型)三个数据对象,如图 7.1.2 所示。

双击一个标准按钮,打开其属性设置对话框,在基本属性中,将此按钮命名为"前进",背

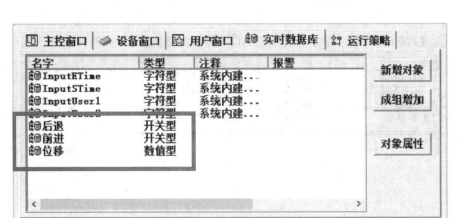

图 7.1.2 运料车手动控制实时数据对象

景色选择为"绿色"。在操作属性中,勾选"数据对象值操作",方式为"按 1 松 0",控制的变量为"前进"开关型变量。双击另一个标准按钮,打开其属性设置对话框,在基本属性中,将此按钮命名为"后退",背景色选择为"红色"。在操作属性中,勾选"数据对象值操作",方式为"按 1 松 0",控制的变量为"后退"开关型变量。

双击小车图标,打开其单元属性设置对话框,将数据对象标签下"水平移动"与"位移"数据对象连接。如图 7.1.3 所示。

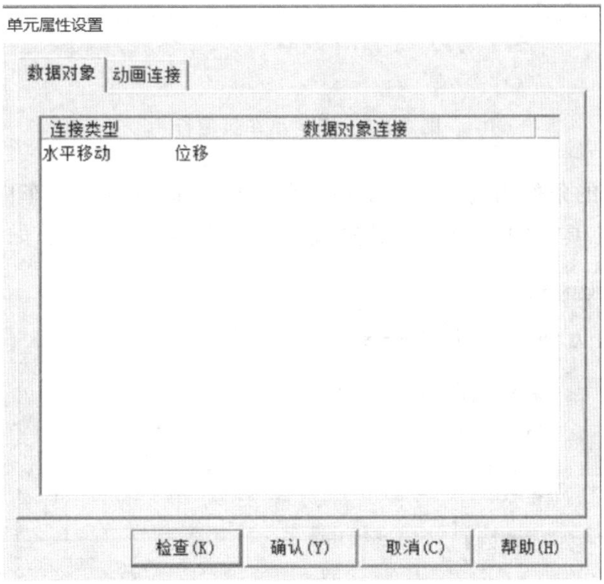

图 7.1.3 运料车单元属性设置

要实现小车的前进与后退,主要是通过改变小车动画连接当中位移变量的值。小车前进,需要将位移变量按照时间循环增加。小车后退,需要将位移变量按照时间循环减少,可以利用循环策略来完成。新建一个循环策略,打开策略属性设置对话框,将此循环策略命名为"小车移动",循环时间设置为 30 ms,如图 7.1.4 所示。

打开小车移动循环策略,由于小车有前进和后退两个方向,所以要新建两个策略行,一个作为小车的前进控制,一个作为小车的后退控制,如图 7.1.5 所示。

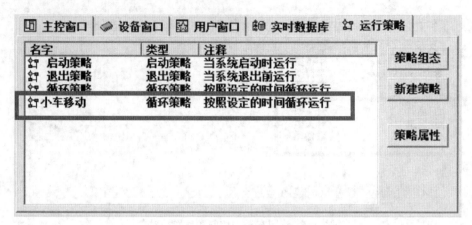

图 7.1.4 运料车控制策略

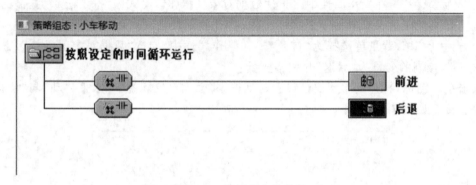

图 7.1.5 运料小车策略行

打开前进策略行的条件为：前进＝1，当按下小车"前进"按钮，小车向前将位移这个数据对象值增大，在策略工具箱中选择数据对象，设置为：位移＝位移＋2，如图 7.1.6 所示。

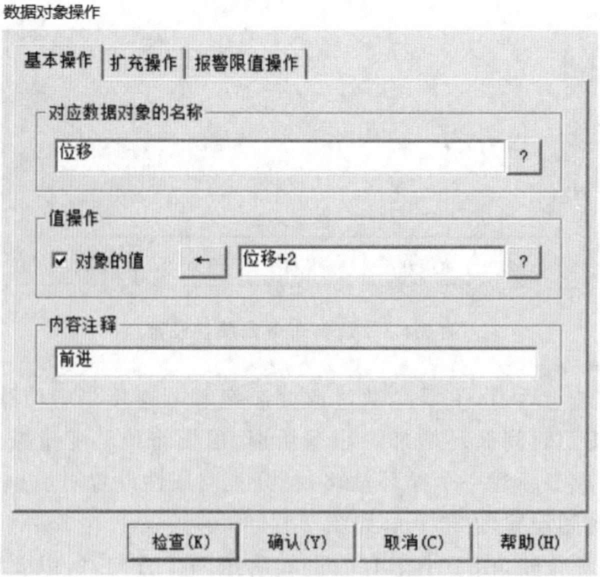

数据对象操作

| 基本操作 | 扩充操作 | 报警限值操作 |

对应数据对象的名称

位移   ？

值操作

☑ 对象的值   ←   位移+2   ？

内容注释

前进

| 检查(K) | 确认(Y) | 取消(C) | 帮助(H) |

图 7.1.6 前进策略行设置

打开小车后退策略行的条件为：后退＝1。在策略工具箱中选择数据对象，设置为：位移＝位移－2，如图 7.1.7 所示。

图 7.1.7　后退策略行设置

设置完毕，模拟运行这个组态工程，看看是否能完成小车的前进与后退？按下"前进"按钮时，小车前进，松开"前进"按钮时小车停止，按下"后退"按钮时，小车后退，松开"后退"按钮时小车停止。

7.1.2　运料车的自动控制

【学习目标】

(1) 掌握运料车自动控制组态界面的设计方法；
(2) 掌握运料车自动前进至固定位置控制策略的组建方法；
(3) 掌握运料车自动运行至设定位置控制策略的组建方法；
(4) 强化学生 6S 职业素养；
(5) 培养学生团队合作意识。

【任务描述】

运料小车运行至设定位置处自动停止。当运料车当前位置＜设定位置时，小车前进；当运料车当前位置＞设定位置时，小车后退；当运料车当前位置＝设定位置时，小车停止。

【设计过程】

首先放置一个输入框构件，用于运料车位置数据的输入界面。再添加一个标准按钮构件，用于小车自动运行的启动按钮。设计完成后的组态界面如图 7.1.8 所示。

双击标准按钮构件，打开标准按钮构件属性设置对话框，在基本属性中，将此按钮命名为"自动"，背景色设置为淡蓝色，如图 7.1.9 所示。在操作属性当中勾选数据对象值操作，操作方式为置 1，所对应的数据对象为"自动"这个开关型变量。

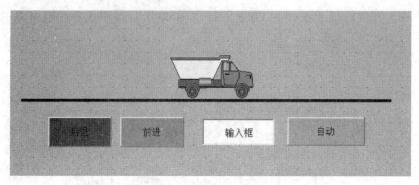

图 7.1.8　运料车自动控制界面

图 7.1.9　自动按钮属性设置

双击输入框构件打开其属性设置对话框,在操作属性中,将其对应数据对象的名称与"设定位置"这个数值型数据对象关联,小数位数设置为 0,如图 7.1.10 所示。

图 7.1.10　输入框构件属性设置

在组态软件运行策略中新建名为小车移动的循环策略,双击打开小车移动这个循环策略,新增三个策略行,如图 7.1.11 所示。

图 7.1.11　运料车自动控制策略构建

第一个策略行的条件为"设定位置＞位移 AND 自动＝1",表示运料车目标位置大于运料车当前位置并且按下自动按钮。如图 7.1.12 所示。

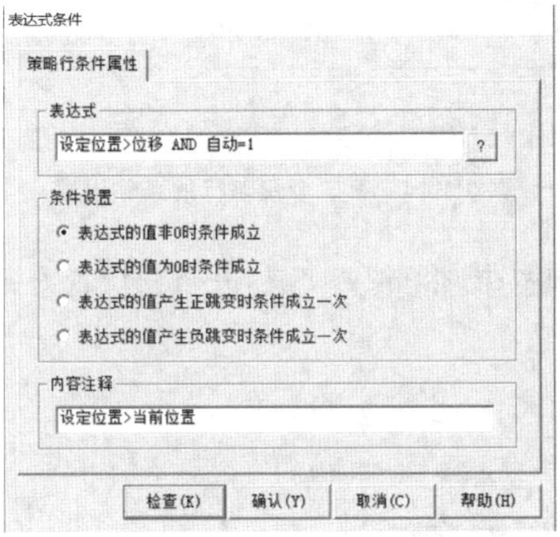

图 7.1.12　第一个策略行的条件设置

在第一个策略行中添加数据对象策略工具,并将其设置为:位移＝位移＋1,让小车前进,如图 7.1.13 所示。

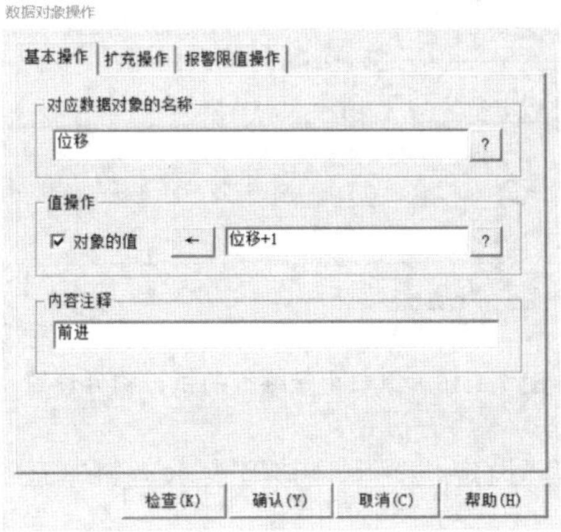

图 7.1.13　第一个策略行的执行构件设置

第二个策略行的条件为"设定位置＜位移 AND 自动＝1"，表示运料车目标位置小于运料车当前位置并且按下自动按钮。如图 7.1.14 所示。

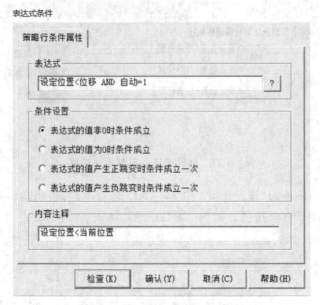

图 7.1.14　第二个策略行的条件设置

在第二个策略行中添加数据对象策略工具，并将其设置为：位移＝位移－1，让小车后退，如图 7.1.15 所示。

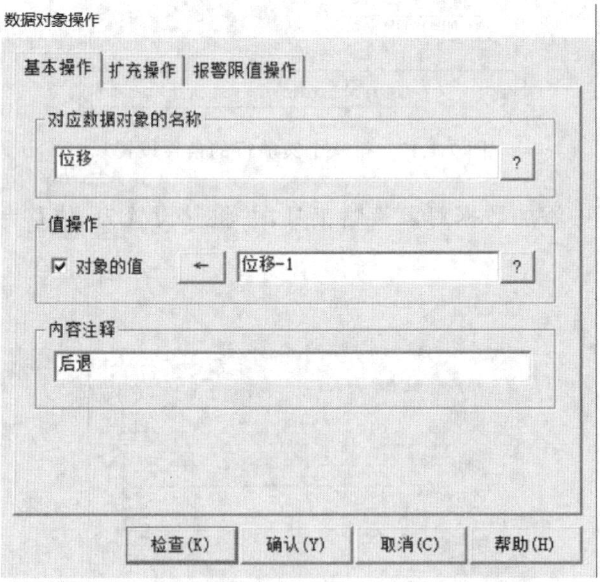

图 7.1.15　第二个策略行的执行构件设置

第三个策略行的条件为"设定位置＝位移"，表示运料车运行至目标位置，如图 7.1.16所示。

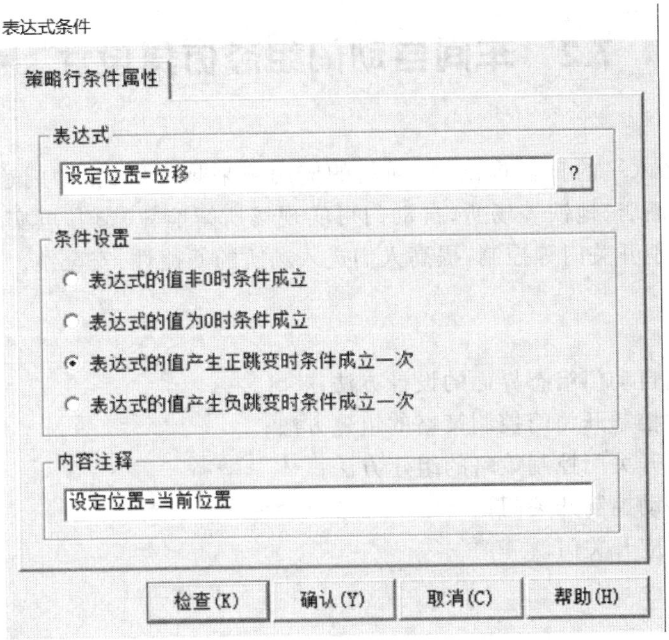

图 7.1.16　第三个策略行的条件设置

在第三个策略行中添加数据对象策略工具,并将其设置为:自动＝0,让运料车停止运行,如图 7.1.17 所示。

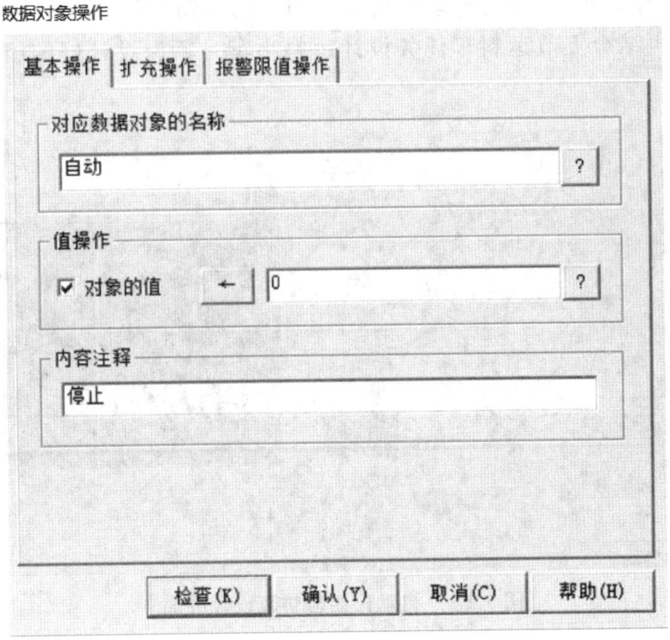

图 7.1.17　第三个策略行的执行构件设置

将小车移动这个循环策略的循环时间设置为 10 ms。下载工程并进入模拟运行环境。在输入框输入相应数值,点击自动按钮,小车自动行驶至设定位置处停止。

7.2 车间自动门组态仿真设计

随着人们生活水平的日益提高,自动门的应用越来越广泛,自动门适用于智能仓储车间、写字楼、银行、酒店、地铁等场所,自动门可实现场所智能化管理,可实现感应开关门、密码开关门、人脸识别开关门等控制,提高人们进入场所的便捷性、安全性。

【学习目标】

(1)掌握车间自动门组态界面的设计方法;
(2)掌握手动控制开关门控制策略的组建方法;
(3)掌握感应开关门控制策略的组建方法;
(4)能实现手动控制开关门;
(5)能实现感应开关门。

【任务描述】

自动门的开门与关门主要是利用组态软件中构件动画属性的大小变化实现的,自动门打开,门逐渐由大变小至隐藏,自动门关闭,门逐渐由小变大。

【设计过程】

首先设计两个标准按钮,作为自动门的开门与关门按钮,然后利用常用符号工具中的凸平面设计两扇门,再结合上节运料车任务设计运料小车一辆。设计好的组态界面如图7.2.1所示。

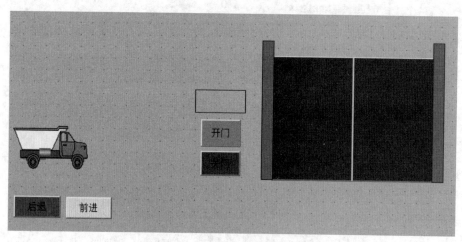

图 7.2.1　自动门组态仿真设计界面

在实时数据库中添加如图7.2.2所示的数据对象。
双击开门标准按钮,在其脚本程序中输入:开门=1,关门=0 的脚本程序,如图7.2.3所示。
双击关门标准按钮,在其脚本程序中输入:关门=1,开门=0 的脚本程序,如图7.2.4所示。
这样设置的目的是,保证开门与关门两个操作不能同时进行。

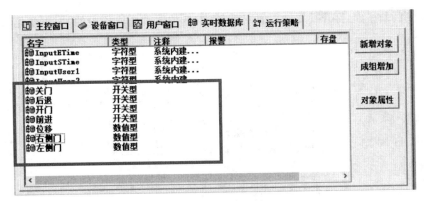

□ 主控窗口	◈ 设备窗口	□ 用户窗口	◈ 实时数据库	☼ 运行策略

名字	类型	注释	报警	存盘
InputETime	字符型	系统内建...		
InputSTime	字符型	系统内建...		
InputUser1	字符型	系统内建...		
InputUser2	字符型	系统内建		
关门	开关型			
后退	开关型			
开门	开关型			
前进	开关型			
位移	数值型			
右侧门	数值型			
左侧门	数值型			

新增对象
成组增加
对象属性

图 7.2.2　自动门实时数据库

标准按钮构件属性设置

| 基本属性 | 操作属性 | 脚本程序 | 可见度属性 |

抬起脚本　按下脚本

```
开门=1
关门=0
```

打开脚本程序编辑器　清空所有脚本

权限(A)　检查(K)　确认(Y)　取消(C)　帮助(H)

图 7.2.3　开门按钮脚本程序

标准按钮构件属性设置

| 基本属性 | 操作属性 | 脚本程序 | 可见度属性 |

抬起脚本　按下脚本

```
关门=1
开门=0
```

打开脚本程序编辑器　清空所有脚本

权限(A)　检查(K)　确认(Y)　取消(C)　帮助(H)

图 7.2.4　关门按钮脚本程序

双击左侧门凸平面,打开其属性设置对话框,勾选位置动画连接中的"大小变化",如图7.2.5所示。

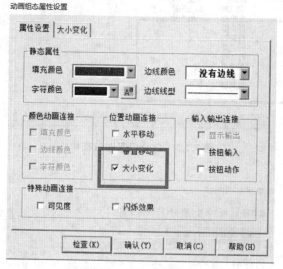

图7.2.5　左侧门属性设置

在"大小变化"选项页中,将表达式与"左侧门"数据对象关联,最小变化百分比设置为0,对应表达式的值为0;最大变化百分比设置为100,对应表达式的值为100,如图7.2.6所示。

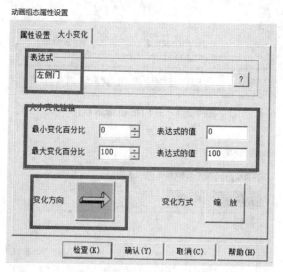

图7.2.6　左侧门大小变化属性设置

双击右侧门凸平面,打开其属性设置对话框,勾选位置动画连接中的"大小变化",如图7.2.7所示。

在"大小变化"选项页中,将表达式与"右侧门"数据对象关联,最小变化百分比设置为0,对应表达式的值为0;最大变化百分比设置为100,对应表达式的值为100,如图7.2.8所示。

设置完毕之后,若要完成开关门控制,需要用到循环策略。在运行策略中新建名为"开关门控制"的循环策略。循环时间设置为50 ms。如图7.2.9所示。

动画组态属性设置

属性设置 | 大小变化 |

静态属性

填充颜色 [____] ▼ 边线颜色 [没有边线 ▼]

字符颜色 [____] ▼ [Aª] 边线线型 [_____ ▼]

颜色动画连接　　位置动画连接　　输入输出连接

☐ 填充颜色　　　☐ 水平移动　　　☐ 显示输出

☐ 边线颜色　　　☐ 垂直移动　　　☐ 按钮输入

☐ 字符颜色　　　☑ 大小变化　　　☐ 按钮动作

特殊动画连接

☐ 可见度　　　☐ 闪烁效果

[检查(K)]　[确认(Y)]　[取消(C)]　[帮助(H)]

图 7.2.7　右侧门属性设置

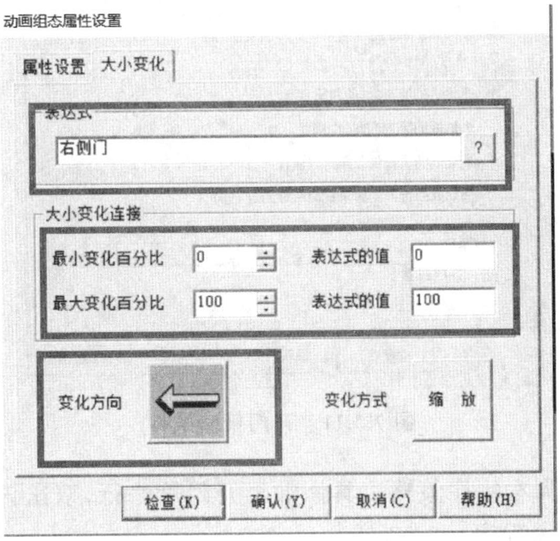

动画组态属性设置

属性设置 | 大小变化 |

表达式

[右侧门　　　　　　　　　　　　　　　　　　　 ?]

大小变化连接

最小变化百分比 [0] ÷ 表达式的值 [0]

最大变化百分比 [100] ÷ 表达式的值 [100]

变化方向　[◀]　　　变化方式　缩放

[检查(K)]　[确认(Y)]　[取消(C)]　[帮助(H)]

图 7.2.8　右侧门大小变化属性设置

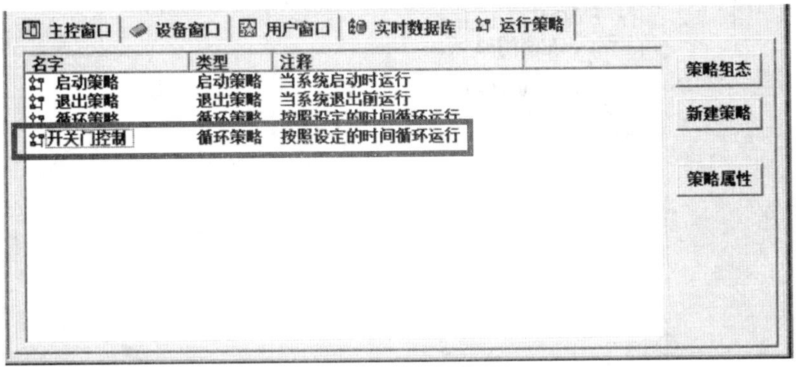

| 主控窗口 | 设备窗口 | 用户窗口 | 实时数据库 | 运行策略 |

名字	类型	注释	
启动策略	启动策略	当系统启动时运行	策略组态
退出策略	退出策略	当系统退出前运行	
循环策略	循环策略	按照设定的时间循环运行	新建策略
开关门控制	循环策略	按照设定的时间循环运行	
			策略属性

图 7.2.9　建立开关门控制循环策略

双击打开"开关门控制"循环策略,新建两个策略行。一个负责开门控制策略,另一个负责关门控制策略。如图 7.2.10 所示。

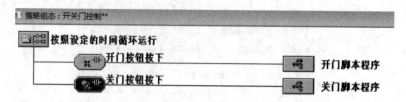

图 7.2.10　建立开关门控制策略行

第一个策略行的条件为:开门＝1,条件设置为:表达式的值非 0 时条件成立,如图 7.2.11 所示。

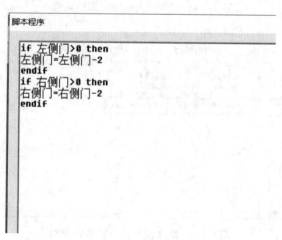

图 7.2.11　开门策略条件

将策略工具箱中的脚本程序策略工具添加至开门策略行,双击该脚本程序策略工具,输入如图 7.2.12 所示的脚本程序。

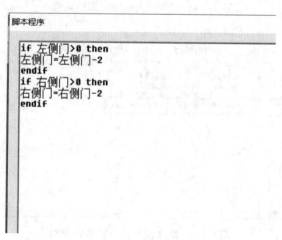

图 7.2.12　开门控制脚本程序

这样即可实现开门的动画效果,接下来设置关门动画效果。关门的动画效果设置与开门的设置基本一致,只是控制脚本略有不同。

第二个策略行的条件为:关门=1,条件设置为:表达式的值非0时条件成立,如图7.2.13所示。

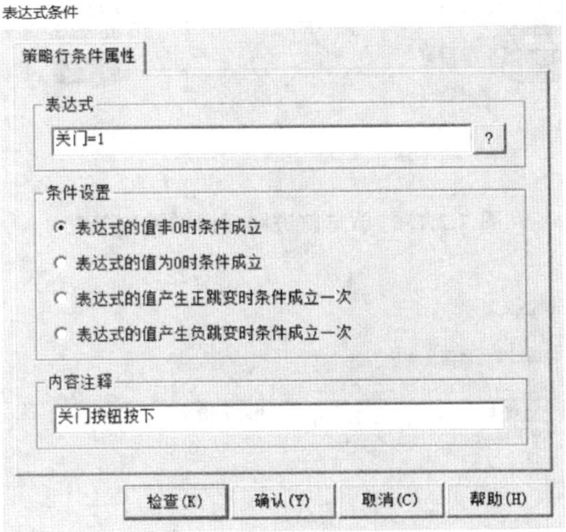

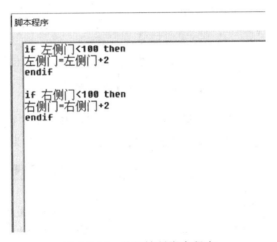

图 7.2.13 关门策略条件

将策略工具箱中的脚本程序策略工具添加至关门策略行,双击该脚本程序策略工具,输入如图 7.2.14 所示的脚本程序。

```
脚本程序

if 左侧门<100 then
左侧门=左侧门+2
endif

if 右侧门<100 then
右侧门=右侧门+2
endif
```

图 7.2.14 关门控制脚本程序

这样,开关门控制就设置完成了,下载工程并进入模拟运行环境,按下开门按钮,自动门打开,按下关门按钮,自动门关闭。

接下来,实现当运料车运行至自动门检测区域时,门自动打开的组态仿真设计。

利用上节运料车任务当中所学习的知识,在开关门控制策略中创建可以使运料小车前进和后退的控制策略,如图 7.2.15 所示。

双击小车图标,打开其属性设置对话框,将其数据对象与"位移"关联,如图 7.2.16 所示。

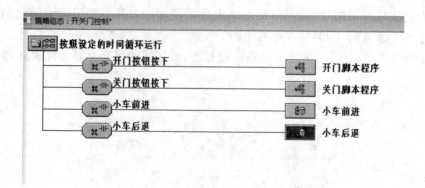

图 7.2.15　小车前进和后退的控制策略

图 7.2.16　小车属性设置

　　接下来,在开关门控制策略中增加一个策略行,完成当小车行驶至自动门检测区域后,门自动打开,当小车驶离自动门的检测区域,门自动关闭的控制要求。如图 7.2.17 所示。

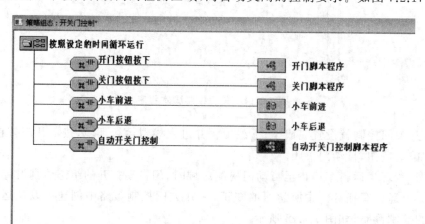

图 7.2.17　自动开关门控制策略

选择策略工具中的脚本程序,将其添加至此策略行。打开脚本程序策略工具,输入如图 7.2.18 所示的脚本程序。

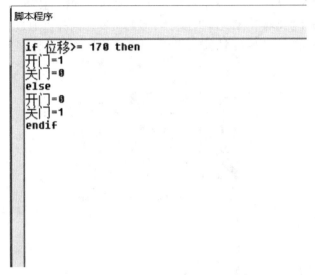

```
脚本程序

if 位移>= 170 then
开门=1
关门=0
else
开门=0
关门=1
endif
```

图 7.2.18　自动开关门脚本程序

设置完毕后,下载工程并进入模拟运行环境,按下前进按钮,小车前进,当小车前进至 170 的位置时,门自动打开,按下后退按钮,小车后退,当小车驶离 170 的位置,门自动关闭。

◀ 7.3　搬运机械手组态仿真设计 ▶

随着科技日益进步,以前需要人工加工制造的行业开始向自动化技术方向转变。作为近几十年发展起来的一种高科技自动化生产设备,工业机器人、机械手在现代制造技术领域中扮演了很重要的角色,能自动化定位控制并可重新编程以变动操作方式的多功能机器人,且有多个自由度,可用来搬运物体以完成在各个不同环境中的工作。在智能仓储车间中,运料小车把货物运到车间,搬运机械手自动完成搬运货物,并将货物搬运到指定的位置上。

【学习目标】

（1）掌握移动的动画设计;
（2）掌握标准按钮构件的属性设置;
（3）掌握搬运机械手组态仿真设计中的变量分配方式;
（4）培养学生树立严谨的工作态度和创新精神;
（5）能够用所学构件知识完成搬运机械手人机界面的设计;
（6）能够对机械手进行横向运动的动画设计;
（7）能够对机械手进行纵向运动的动画设计;
（8）能用机械手完成对工件的抓取和放置。

【任务描述】

按下机械手的"X 伸出"后，机械手可沿水平方向向右伸出；按下"Z 伸出"后，机械手可沿垂直方向伸出；按下"抓取"按钮后，机械手可搬起货物。同样可通过机械手的"X 伸出""X 缩回""Z 伸出""Z 缩回"来手动控制把货物搬运到想要的位置。设计好的组态界面如图 7.3.1 所示。

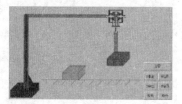

图 7.3.1　搬运机械手组态界面

【设计过程】

建立工程及新建用户窗口，如图 7.3.2 所示。

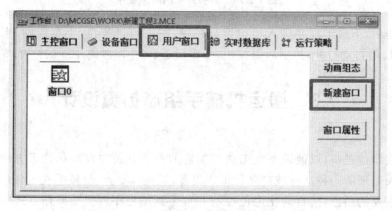

图 7.3.2　建立工程及新建用户窗口

接着放置标准按钮构件。在工具箱中找到标准按钮构件，放置 7 个标准按钮构件，将其名称分别改为 X 伸出、X 缩回、Z 伸出、Z 缩回、抓取、松开、回零，如图 7.3.3 所示。

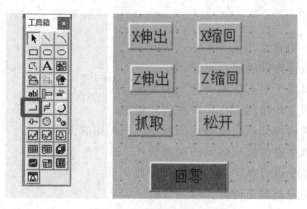

图 7.3.3　放置标准按钮

然后放置机械手。单击工具箱中的插入元件,弹出对象元件管理对话框,在左侧"对象元件列表"中选择"其他"中的机械手,如图 7.3.4 所示。放置完毕后,添加机械手下方支撑柱。利用工具箱中的插入元件,选择"管道"元件库中的"管道 95",并将大小和位置调整好,如图 7.3.5 所示。

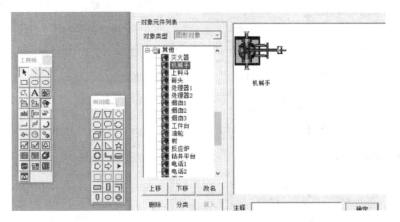

图 7.3.4　放置机械手　　　　　　　　图 7.3.5　放置机械手支撑柱

根据任务要求,在实时数据库中设置标准按钮关联的数据对象,并将数据对象类型写到表 7.3.1 中。

表 7.3.1　数据对象类型

名　　称	类　　型	名　　称	类　　型
X 伸出		回零	
X 缩回		抓取	
Z 伸出		松开	
Z 缩回			

下面进行标准按钮的动画连接。双击标准按钮构件,弹出标准按钮构件属性设置对话框,单击操作属性选项卡,按照图 7.3.6～图 7.3.11 所示进行设置。

图 7.3.6　X 伸出按钮设置　　　　　　　图 7.3.7　X 缩回按钮设置

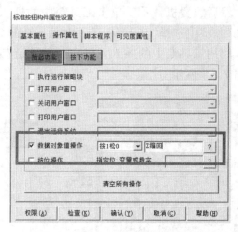

图 7.3.8　Z 伸出按钮设置　　　　　　　　图 7.3.9　Z 缩回按钮设置

图 7.3.10　抓取按钮设置　　　　　　　　图 7.3.11　松开按钮设置

　　接下来设置机械手水平移动和垂直移动的动画效果。在窗口上从机械手到工件边缘位置画一条线,记下线的长度,如图 7.3.12 所示,此参数为总水平移动的距离。观看右下角坐标值,如长是 500,则机械手移动的范围不能超过 500。

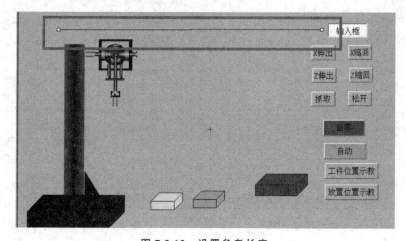

图 7.3.12　设置参考长度

再来进行机械手水平移动动画效果的设置。双击管道,弹出属性设置对话框,勾选位置动画连接中的"大小变化",改变变化方向,并填写好最大、最小变化百分比及表达式的值,如图 7.3.13 和图 7.3.14 所示。

图 7.3.13　勾选"大小变化"

图 7.3.14　水平变化

垂直移动动画效果的设置同水平移动设置相似,双击图 7.3.15 所示的红色部分,弹出构件属性设置对话框,勾选位置动画连接中的"大小变化"和"水平移动",把变化方向改为向下。

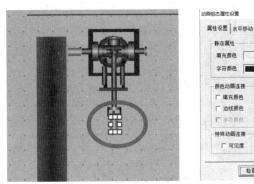

图 7.3.15　机械手垂直移动动画设计

脚本程序流程图如图 7.3.16 所示。

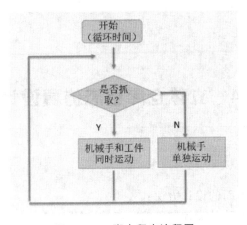

图 7.3.16　脚本程序流程图

部分脚本程序参考如下：

```
IF 步数=0 THEN
机械手 X=机械手 X+1
IF 机械手 X=工件位置 X THEN
步数=1
ENDIF
ENDIF
IF 步数=1 THEN
步数=2
ENDIF
ENDIF
IF 步数=2 THEN
IF 机械手 Z=0 THEN
步数=3
ENDIF
ENDIF
IF 步数=3 THEN
机械手 X=机械手 X-1
工件 X=工件 X-1
IF 机械手 X=放置位置 X THEN
步数=4
ENDIF
ENDIF
IF 步数=4 THEN
机械手 Z=机械手 Z+1
工件 Z=工件 Z+1
IF 机械手 Z=放置位置 Z THEN
抓取=0
步数=5
ENDIF
ENDIF
IF 步数=5 THEN
回零=1
步数=0
自动=0
ENDIF
```

◀ 7.4 立体仓库组态仿真设计 ▶

【学习目标】

(1) 掌握提升机组态界面的设计方法；

(2) 掌握入库提升机点动升降控制策略的组建方法；

（3）掌握入库提升机自动升降至指定楼层控制策略的组建方法；

（4）能实现入库提升机的升降；

（5）能实现将货物运送至指定仓位。

【任务描述】

立体仓库的组态仿真设计是利用组态软件中构件的垂直移动和水平移动位置动画连接属性实现的。设定入库仓位，货物和提升机进行垂直移动，比较当前货物所处楼层与设定入库仓位所在楼层，当设定入库仓位所在楼层与当前货物所处楼层相等时，货物根据入库仓位判断应当水平左移还是水平右移，当入库仓位为 1、2、3、4 时，货物水平向左移动；当入库仓位为 5、6、7、8 时，货物水平向右移动。

【设计过程】

首先设计 2 列 4 行立体仓库位图，每层仓库高 100 个像素；利用直线工具画一条粗线，代表提升机货物托盘，实现垂直提升；利用立体图形工具画一个长方体，代表货物，将其放置在货物托盘上；设计 1 个输入框和 1 个标准按钮，作为入库仓位信息输入及启动控制。设计参考界面如图 7.4.1 所示。

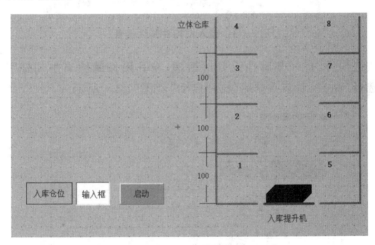

图 7.4.1　立体仓库界面

在实时数据库中建立本任务需要用到的数据对象，如图 7.4.2 所示。

名字	类型	注释	报警
InputETime	字符型	系统内建...	
InputSTime	字符型	系统内建...	
InputUser1	字符型	系统内建...	
InputUser2	字符型	系统内建...	
step	数值型		
当前楼层	数值型		
货物x	数值型		
货物z	数值型		
启动	开关型		
入库仓位	数值型		
设定楼层	数值型		
提升机	数值型		

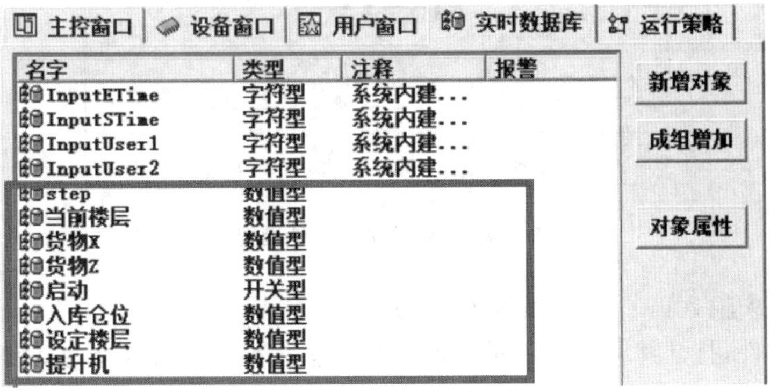

图 7.4.2　立体仓库数据对象

双击输入框构件,打开其属性设置对话框,在操作属性中将"对应数据对象的名称"与"入库仓位"数据对象关联,小数位数为 0,如图 7.4.3 所示。

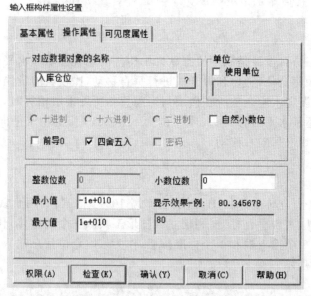

图 7.4.3　输入框构件属性设置

双击标准按钮构件,打开其属性设置对话框,在其操作属性当中勾选"数据对象值操作",操作方式选择"置 1",对应数据对象为"启动",如图 7.4.4 所示。

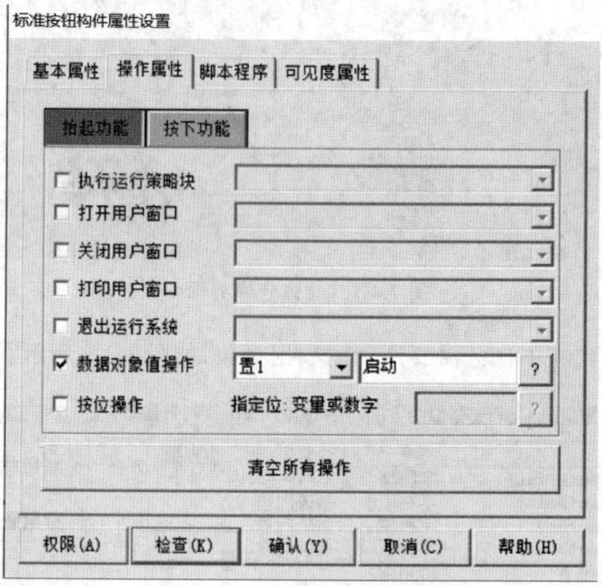

图 7.4.4　启动按钮属性设置

在脚本程序中输入:step＝1,如图 7.4.5 所示。

双击直线构件,打开其属性设置对话框,勾选"垂直移动",边线颜色为红色。详细设置如图 7.4.6 所示。

图 7.4.5　启动按钮脚本设置

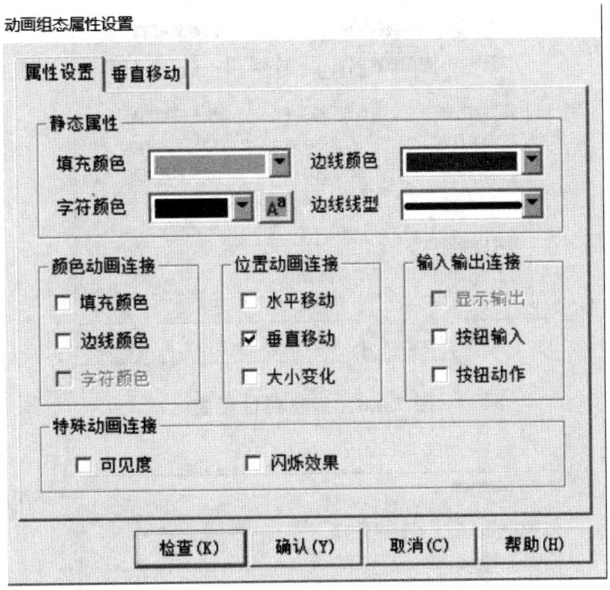

图 7.4.6　提升机托盘属性设置

在其垂直移动选项页中,将表达式设置为"提升机",最小移动偏移量设置为 0,表达式的值设置为 0;最大移动偏移量设置为 −400,表达式的值设置为 400。如图 7.4.7 所示。

双击长方体构件,打开其属性设置对话框,勾选"垂直移动"和"水平移动",填充颜色为蓝色。如图 7.4.8 所示。

打开水平移动属性页面,将表达式关联"货物 X"数据对象,最小移动偏移量设置为 0,表达式的值设置为 0;最大移动偏移量设置为 100,表达式的值设置为 100。如图 7.4.9 所示。

打开垂直移动属性页面,将表达式关联"货物 Z"数据对象,最小移动偏移量设置为 0,表达式的值设置为 0;最大移动偏移量设置为 −400,表达式的值设置为 400。如图 7.4.10 所示。

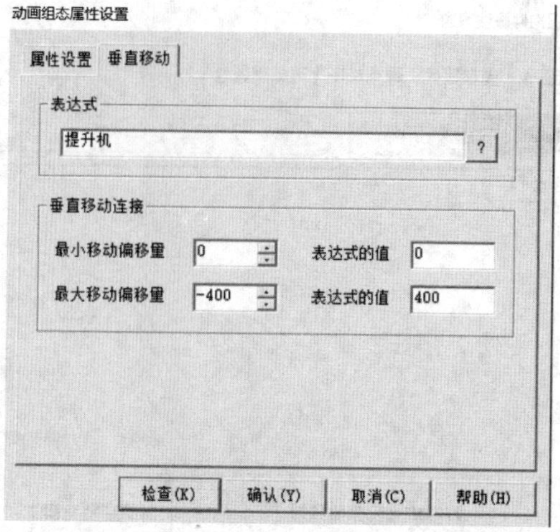

图 7.4.7　货物托盘垂直移动属性设置

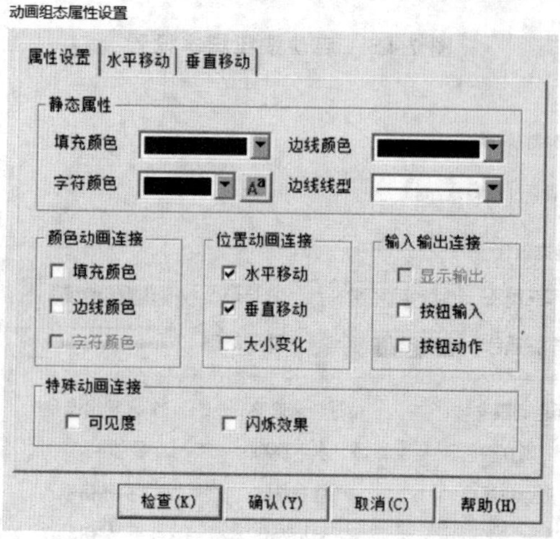

图 7.4.8　货物属性设置

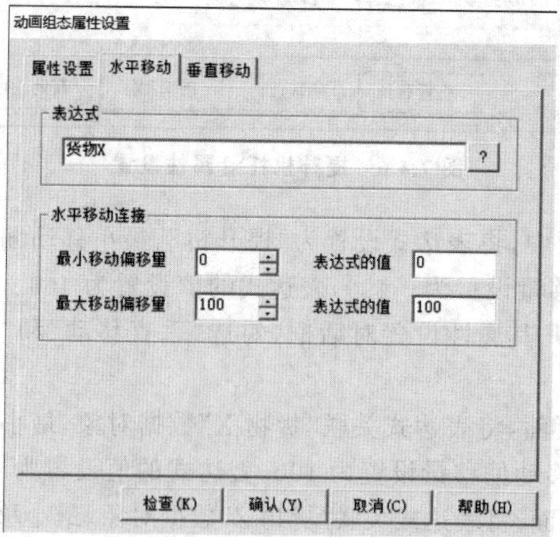

图 7.4.9　货物构件水平移动属性设置

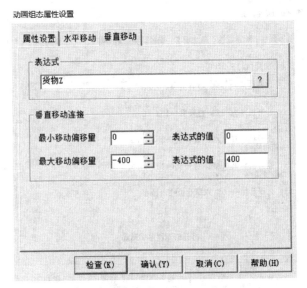

动画组态属性设置

属性设置 | 水平移动 | 垂直移动

表达式

货物Z   ?

垂直移动连接

最小移动偏移量   0   表达式的值   0

最大移动偏移量   -400   表达式的值   400

检查(K)   确认(Y)   取消(C)   帮助(H)

图 7.4.10　货物构件垂直移动属性设置

　　双击用户窗口空白处打开窗口属性设置对话框,在循环脚本中输入以下脚本程序。循环时间设置为 100 ms。如图 7.4.11 所示。

```
if 提升机>=-4 AND 提升机<=4 then
当前楼层=1
endif
if 提升机>=96 AND 提升机<=104 then
当前楼层=2
endif
if 提升机>=196 AND 提升机<=204 then
当前楼层=3
endif
if 提升机>=296 AND 提升机<=304 then
当前楼层=4
endif
if 入库仓位=1 OR 入库仓位=5 then
设定楼层=1
endif
if 入库仓位=2 OR 入库仓位=6 then
设定楼层=2
endif
if 入库仓位=3 OR 入库仓位=7 then
设定楼层=3
endif
if 入库仓位=4 OR 入库仓位=8 then
设定楼层=4
Endif
```

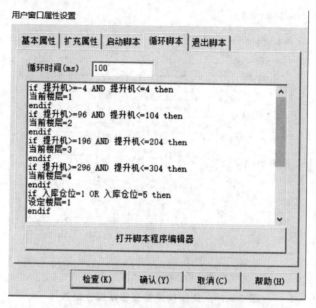

图 7.4.11　用户窗口循环脚本程序

在运行策略中,新建名为入库操作的循环策略,循环时间设置为 100 ms。如图 7.4.12 所示。

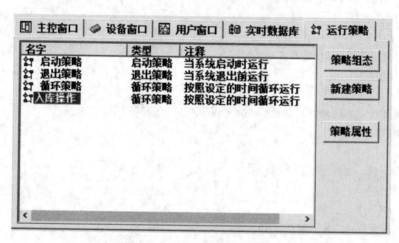

图 7.4.12　入库操作循环策略

打开入库操作循环策略,新建一个策略行,如图 7.4.13 所示。

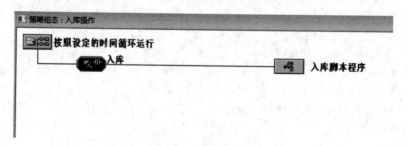

图 7.4.13　入库操作策略行

策略行条件表达式为:启动＝1,条件设置为"表达式的值非 0 时条件成立",如图 7.4.14 所示。

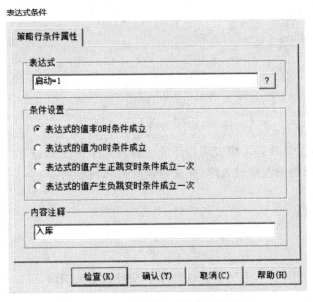

图 7.4.14　入库操作策略行条件设置

将策略工具箱中的脚本程序工具添加至该策略行,打开脚本程序策略工具,输入以下脚本程序。

```
if step=1 then
if 设定楼层>当前楼层 then
提升机=提升机+2
货物 Z=货物 Z+2
endif
if 设定楼层=当前楼层 then
step=2
endif
endif
if step=2 then
if 入库仓位>=1 AND 入库仓位 <=4 then
货物 X=货物 X-2
if 货物 X<=-100 then
step=3
endif
endif
if 入库仓位>=5 AND 入库仓位 <=8 then
货物 X=货物 X+2
if 货物 X>=100 then
step=3
endif
```

```
endif
endif
if step=3 then
if 提升机>0 then
提升机=提升机-2
else
step=0
启动=0
endif
endif
```

保存工程,下载工具并进入模拟运行环境。输入入库仓位 3,按下启动按钮,提升机带动货物上升至 3 层后货物向左移动入库,完成后提升机回到零点。

 练习与提高

一、判断题

1. 如果在实际应用当中,遇到组态软件库中没有的动画图形,可以利用组态软件中的绘制工具设计想要的构件。   (   )

2. 主控窗口是组态软件的主框架,职责是负责调度和管理运行系统,反映组态工程的总体概况。   (   )

3. 自画的构件属性设置中只能水平移动,不能大小变化。   (   )

二、简答题

1. 如何得出机械手在窗口运动的坐标?

2. 请利用组态软件设计升降门。